AF331031

Couveu — la Couverture)

BASSIN HOUILLER DU COUCHANT DE MONS.

MÉMOIRE

HISTORIQUE ET DESCRIPTIF,

PAR

GUSTAVE ARNOULD,

INGÉNIEUR PRINCIPAL AU CORPS DES MINES,

VICE-PRÉSIDENT DE L'ASSOCIATION DES INGÉNIEURS SORTIS DE L'ÉCOLE DE LIÉGE.

MONS,

HECTOR MANCEAUX, IMPRIMEUR-ÉDITEUR,

RUE DES FRIPIERS, 4; GRAND'RUE, 7 ET 9.

1878.

BASSIN HOUILLER

DU COUCHANT DE MONS.

4° S
5.5

BASSIN HOUILLER DU COUCHANT DE MONS.

MÉMOIRE

HISTORIQUE ET DESCRIPTIF,

PAR

GUSTAVE ARNOULD,

INGÉNIEUR PRINCIPAL AU CORPS DES MINES,

VICE-PRÉSIDENT DE L'ASSOCIATION DES INGÉNIEURS SORTIS DE L'ÉCOLE DE LIÉGE.

MONS,

HECTOR MANCEAUX, IMPRIMEUR-ÉDITEUR,

RUE DES FRIPIERS, 4; GRAND'RUE, 7 ET 9.

1877.

AVANT-PROPOS.

Les bassins houillers de Liége, de Namur, de Charleroi, du Centre et de Valenciennes, ont fait l'objet de divers mémoires historiques et descriptifs d'une grande importance.

Le bassin de Mons seul fait exception, rien de spécial n'a été publié jusqu'ici. Cette lacune est regrettable. Notre système, si compliqué, de concessions superposées est peu connu et exige pour être bien compris un travail d'ensemble ; il a eu sur l'exploitation une influence considérable, il dérive d'un état social et d'une série de faits historiques essentiels à connaître et dont l'étude est d'autant plus ardue que les matériaux sont disséminés dans les archives des villes de Mons, Bruxelles, Valenciennes, ainsi que dans des bibliothèques privées.

La Société des Sciences, des Arts et des Lettres du Hainaut, comprenant la grande utilité du problème, a mis au concours les questions suivantes :

1°. Concours de 1872. « Déterminer les limites des anciennes seigneuries dont la juri-« diction s'étendait sur la partie du Hainaut Belge située au Couchant de la ville de Mons. « Une carte devra être jointe à ce travail. »

2°. Concours des années 1873-1874-1875-1876-1877. « Faire l'historique de l'exploi-« tation de la houille dans le Hainaut ou dans l'une des trois divisions du bassin houiller « de cette province. »

Aucune réponse n'a été faite à ces questions.

J'entreprends aujourd'hui la tâche ingrate de les résoudre en partie et de donner une description du bassin et des concessions, avec cartes à l'appui.

Les imperfections du travail trouveront leur excuse dans la difficulté à vaincre pour le réaliser.

D'ailleurs je l'offre à des collègues, à des camarades, à des amis qui pour la première fois font ensemble une excursion dans notre bassin, et j'ai tout lieu d'espérer qu'ils ne tiendront compte que de mon vif désir de leur être agréable[1].

---

1. Excursion au Couchant de Mons, de l'Association des ingénieurs sortis de l'école de Liége, les 5 et 6 août 1877.

CHAPITRE Ier.

DÉCOUVERTE DE LA HOUILLE DANS LE HAINAUT

ET PLUS SPÉCIALEMENT DANS LE BASSIN DE MONS.

CHAPITRE Ier.

DÉCOUVERTE DE LA HOUILLE DANS LE HAINAUT

ET PLUS SPÉCIALEMENT DANS LE BASSIN DE MONS.

Les anciens historiens ou chroniqueurs du Hainaut, dit Delebecque dans son *Traité de Législation des mines,* semblent avoir dédaigné de s'occuper d'un événement aussi important que celui de la découverte des mines de houille dans cette province.

Je crois pouvoir ajouter que c'est déjà une présomption de l'ancienneté de cette découverte dans le Hainaut.

Drapiez, dans son ouvrage intitulé : *Coup-d'œil minéralogique sur le Hainaut,* prétend que *l'exploitation* de la houille y remonte à des époques très reculées, puisque des chartes qui datent de plus de 800 ans en font mention. Malheureusement il ne cite pas ces chartes, ce qui fait dire à M. de Reiffenberg[1] : « quelque confiance que nous inspire M. Drapiez dont nous « honorons les connaissances, nous désirerions savoir quelles sont ces chartes, sur lesquelles il « s'appuie ; elles peuvent exister, nous sommes loin de le nier, mais il faudrait les désigner d'une « manière nette et précise ». Il ajoute : « que dans le dénombrement des pairies du Hainaut « de 1473, imprimé par de Saint-Genois, il n'est fait aucune mention de houillère ou fosse ».

Cette dernière observation n'est pas probante, car il existe aux archives de Mons des documents du XIIIe siècle qui sont relatifs aux charbonnages des environs de cette ville, et dont Saint-Genois et de Reiffenberg semblent n'avoir pas eu connaissance ; d'autres documents peuvent exister ailleurs.

Morand, le médecin, en 1768, écrivait, en parlant du Hainaut impérial : « Il y a plus de 700 ans que cette province des Pays-Bas connaît le charbon de terre[2] ».

1. *Nouveaux mémoires de l'Académie de Bruxelles. Tome 7.*
2. Morand. *L'art d'exploiter les mines de charbon de terre.*

Jacques Desandrouin [1] disait en 1756 : « Il y a environ 750 années que la découverte et *l'usage*
« du charbon de terre sont connus dans le Hainaut impérial ».

Dieudonné, dans sa statistique du Nord [2], prétendait que *l'extraction* du charbon dans le
Hainaut impérial avait commencé au XIe siècle.

« Vers l'an 1000, dit Pajot-Descharmes [3], des mines abondantes de houille furent découvertes
« autour de la ville de Mons ; bientôt leur exploitation suffit à la consommation des habitants du
« Hainaut ; poussée avec vigueur, elle ne tarda pas à fournir aux provinces limitrophes. »

Aucun de ces auteurs cependant ne donne de preuves à l'appui, mais il est à remarquer qu'ils
font moins allusion à la découverte réelle du charbon qu'à son usage et à son exploitation.

Eugène Bidaut, ingénieur au corps des mines, dans ses études minérales [4], est d'avis que cette
circonstance de l'affleurement au jour du terrain houiller et des couches de houille, doit réduire
à néant toutes les discussions qui ont eu lieu au sujet de l'époque de la découverte de la houille
et de son emploi aux usages domestiques, au moins dans un grand nombre de localités de l'arrondissement de Charleroi. Il lui paraît évident que la découverte de la houille a eu lieu aussitôt
que ces localités ont été habitées d'une manière permanente et que les hommes s'y sont construit
des abris. « En effet, dit-il, il est impossible de creuser sous la terre végétale le moindre sillon
« dans la roche sans mettre à nu des couches de houille, dont les affleurements naturels sont,
« du reste, visibles dans la plupart des arrachements et des ravins qui existaient à la surface du
« sol. Ils devaient l'être bien plus encore dans les temps reculés que de nos jours, puisque la
« culture ne venait point les dérober aux yeux en favorisant la production de la terre végétale
« et du terreau. » Il ajoute encore : « Entre l'époque de la découverte de la houille et celle
« de son application aux usages domestiques il a dû s'écouler bien peu de temps. En effet, l'as-
« pect de cette roche est tellement remarquable, sa pesanteur spécifique, sa couleur surtout,
« sont tellement différentes de celles de toutes les roches avoisinantes qu'elle a dû attirer par-
« ticulièrement et de prime-abord les regards. Du moment où l'attention a été fixée sur la houille,
« il n'est pas possible de croire que ses propriétés combustibles soient restées longtemps igno-
« rées chez un peuple qui avant l'arrivée de César dans les Gaules connaissait l'art de travailler

---

1. JACQUES DESANDROUIN. *Mémoire et consultation sur une question de droit public et autre*, auxquelles donne lieu le trouble apporté à l'exercice du privilége et l'inondation des travaux du vicomte Desandrouin et consorts, par le marquis de Cernay et Cie. 1756.

Voir aussi : GRAR. *Histoire de la recherche, de la découverte et de l'exploitation de la houille* dans le Hainaut français, dans la Flandre française et dans l'Artois. Valenciennes 1847.

2. DIEUDONNÉ, ancien préfet du Nord. *Statistique du département du Nord.* 1804. Voir aussi Grar (cité).

3. PAJOT-DESCHARMES, ancien inspecteur des mines de France. *Guide du mineur.* 1826, p. 306.

4. E. BIDAUT. *Mines de houille de l'arrondissement de Charleroi.* 1845.

« les métaux[1]. Il est bien plus malaisé en effet de deviner la substance utile renfermée dans un
« minerai de fer, de trouver le moyen de l'en extraire et d'en fabriquer des ustensiles et des
« armes.

« Si l'on repousse cette supposition, dit-il, on ne peut admettre que les armées de César aient
« parcouru tout notre territoire sans voir la houille et sans en enseigner l'usage puisque l'un
« et l'autre étaient connus des anciens[2]. »

Quant à moi, j'admets également que la *découverte* de la houille et de ses propriétés combustibles, remonte à la plus haute antiquité.

En effet, le caractère curieux et investigateur des populations anciennes est bien démontré par les recherches et les fouilles qui ont été faites dans les stations des âges de la pierre polie et jusque dans les cavernes habitées à l'âge du renne.

M. Édouard Dupont[3] nous révèle d'après des fouilles qu'il a faites avec tant de soins dans les cavernes de la Lesse, les efforts de ces populations troglodytes tendant à utiliser à leurs besoins diverses matières du pays et remplacer celles de provenance étrangère. Il a retrouvé dans les cavernes des instruments en diverses variétés de silex, des couteaux en quartz blanc, en grès, en calcaire et même en phtanite carbonifère ; puis des plaques de psammite et de grès, du spath-calcaire lamellaire, beaucoup de fluorine, des plaques de jayet provenant probablement du lias du Luxembourg, des plaques d'ardoise, des grains de limonite, de l'oligiste qui aurait été recueillie à cause de sa propriété traçante, de la pyrite enfin, dont l'homme du renne devait se servir pour se procurer du feu ; cet homme avait dû reconnaître que le choc d'un silex contre cette substance provoque des étincelles, et le sillon, sous forme d'entaille, que portait l'un des échantillons, faisait reconnaître facilement les traces de cette opération.

Loin de moi de prétendre cependant que les hommes du renne ont nécessairement connu le

1. Il est bien certain que les Gaulois de la Belgique connaissaient le bronze lors de l'invasion romaine, mais tout porte à croire qu'ils ne travaillaient pas le fer.

2. On a invoqué aussi en faveur de la haute antiquité de la découverte de la houille, le témoignage des anciens auteurs grecs Aristote et Théophraste (384 et 371 ans avant J.-C.). Ce dernier, dans son Traité des pierres, parle de celles qui se trouvent au cap d'Erinéade, à Bine et en Ligurie, qui étant brûlées répandent une odeur de bitume et se consument comme des charbons de bois.

Ces auteurs n'ont dû faire allusion qu'au lignite que l'on trouve en effet en Grèce ; mais ces passages ne prouvent rien pour notre pays qui, à cette époque, était dans l'enfance, tandis que la Grèce était au faîte de la civilisation.

On a également cru, à l'appui de l'ancienneté de l'exploitation, devoir recourir à une chronique de Tacite. Au livre XIII de ses Annales (chap. LVII), il décrit un événement prodigieux survenu en l'an 59 de l'Ère chrétienne qui affligea la cité des Ubiens (Cologne). Je ne crois pas devoir m'y arrêter et je renvoie au surplus au texte même de l'auteur.

3. *Étude sur l'ethnographie de l'homme de l'âge du renne* dans les cavernes de la vallée de la Lesse. T. XIX des *Mémoires de l'Académie royale de Belgique.*

charbon, mais je tiens à prouver combien, à cette époque déjà, on recherchait les propriétés des diverses substances qui se rencontraient à la surface du sol.

A l'âge de la pierre polie, on constate aux environs de Mons le caractère industriel de nos populations primitives ; on sait qu'elles avaient établi à Spiennes un vaste atelier de fabrication d'outils et armes en silex, dont les produits étaient répandus dans tous les campements des peuplades de notre pays et spécialement dans ceux de la province de Namur ; mais ce qui est surtout remarquable pour cette époque préhistorique, ce sont les importantes exploitations de silex qui non seulement ont eu lieu par galeries débouchant dans le ravin, mais aussi par des puits verticaux et par des galeries horizontales partant de ces puits. Plusieurs d'entre eux dépassent 12 mètres de profondeur et offrent une section circulaire de 0^{m}60 à 0^{m}80 de diamètre. On en a rencontré plus de 25 lors du creusement de la tranchée du chemin de fer à Spiennes.

Les travaux du chemin de fer de Mons à Dour ont fait reconnaître, au Flénu, l'existence de 7 puits analogues à ceux de Spiennes, remplis comme eux d'éclats de silex au milieu desquels se trouvaient plusieurs haches ébauchées. Voici ce que disent à ce sujet MM. Cornet et Briart, dans leur notice sur l'âge de la pierre polie dans le Hainaut [1] :

« Le territoire du Flénu est constitué, dans sa partie méridionale, par une épaisseur consi-
« dérable, dépassant quelquefois dix mètres, de terrain quaternaire reposant sur l'assise des
« rabots. Aucun indice ne permet de soupçonner la présence souterraine de cette assise. Ce-
« pendant les hommes de l'âge de la pierre polie l'ont atteinte par des puits et en ont extrait
« des rognons de silex. »

Les puits prolongés de quelques mètres atteignaient le terrain houiller; on ne peut affirmer que plusieurs ne l'ont pas atteint.

Quoi qu'il en soit, on ne peut contester à ces hommes le mérite d'avoir inauguré dans notre pays les premières méthodes d'exploitation, et l'on voit qu'ils réunissaient toutes les conditions voulues pour découvrir le charbon et même pour l'exploiter dans ses affleurements en suivant l'inclinaison des couches. Comme M. Bidaut, je ne puis admettre qu'une substance si remarquable par son aspect, sa légèreté relative, ait échappé à leur caractère curieux et investigateur, alors qu'elle se trouve à jour à Frameries, à Pâturages, à Wasmes, à Dour ainsi que sur une partie de la lisière nord du bassin.

Ce qui précède suffit déjà pour réfuter une opinion émise dans un *Mémoire sur l'exploitation de la houille au Pays de Liége*, publié dans les *Mémoires de la Société d'Émulation de Liége*. L'auteur, relativement à la question de priorité de la découverte du charbon entre Liége, Charleroi et Mons, s'exprime comme suit : « On ne peut admettre la préférence en faveur de

1. *Compte-rendu du Congrès d'anthropologie et d'archéologie préhistorique de Bruxelles*, 1872.

cette dernière localité (Mons) basée sur ce que le nom de Borain existe en Hainaut et qu'aujourd'hui, en Hainaut seulement, les mineurs s'appellent Borains et les locaux houillers Borinage [1].

« L'examen des coupes du bassin de Mons suffit pour se convaincre que la plupart des cou« ches y sont couvertes d'une épaisseur parfois considérable de morts-terrains qui les *empêche* « *de se profiler jusqu'à la surface.* Par conséquent, elles n'ont pu être reconnues que par *puits,* « *dont personne ne parle à cette époque.* Il semblerait vraisemblable que la houille fut trouvée « presque en même temps à Liége et à Charleroi, d'un côté par les Eburons, de l'autre par les « Nerviens, puisque les affleurements se présentent dans les deux pays. »

On a vu précédemment que, dès l'âge de la pierre polie, on se servait de puits pour l'extraction du silex ; quant aux affleurements, les cartes géologiques de Dumont les renseignent et c'est un fait bien évident qu'ils existent dans toutes les localités que j'ai indiquées. On ne peut donc invoquer ces motifs pour exclure Mons dans la question de priorité de la découverte qui au surplus n'offre aucune importance.

Il est un point sur lequel je ne puis partager l'avis de M. Bidaut : « *l'usage de la houille a dû suivre de près sa découverte* ».

L'usage d'une chose ne s'impose que par nécessité absolue ; or, dans l'espèce, cette nécessité ne pouvait exister chez nos populations primitives qui avaient à leur disposition du bois en quantité considérable, voire même du bois sec, qui ne coûtait que la peine de le ramasser; puis il est à remarquer que ce combustible, d'un allumage prompt et facile, n'exige pour brûler aucune disposition spéciale, alors qu'il n'en est pas de même du charbon de terre qui nécessite pour brûler convenablement un appel d'air et par suite l'emploi d'une grille.

---

1. ED. GRAR (cité) disait à ce sujet : « Il y aurait même une présomption de priorité pour les environs de Mons, à « supposer que le mot Eburon, Heyboren, soit synonyme de mineurs, comme le dit HENAUX. Car, comme il le fait « remarquer, le nom existe en Hainaut, en Hainaut seul ; les mineurs du Hainaut s'y nomment encore aujourd'hui « Borain et les locaux houillers Borinage ».

On ne rencontre le mot Borinage dans aucune pièce antérieure au siècle dernier. D'après M. A. DINAUX, *Archives du nord de la France*, 3e série. T. 1. P. 127 : « C'est le nom d'un canton de convention situé entre Mons et Quiévrain, ce « n'est pas un pays à frontières fixes, c'est un ensemble d'exploitation de mines de charbon de terre qui peut s'étendre « ou se rétrécir suivant des découvertes nouvelles ou des réductions d'extraction ».

D'après le *Bibliophile belge*, t. VI, p. 86 : « c'est l'étendue du territoire occupé par les communes de Jemmapes et de « Quaregnon ; on donne ce nom, par extension, à tous les villages du bassin houiller du midi de Mons ».

Le *Dictionnaire du wallon de Mons* par SIGART, dit que c'est le pays comprenant les villages de Jemmapes, Frameries, Pâturages, Quaregnon, Hornu, etc., et dans lesquels on s'occupe principalement de l'extraction de la houille.

Le *Dictionnaire Rouchi*, par HÉCART (Valenciennes), ajoute qu'on dit : *noir comme un borin.*

Boren en hollandais signifie percer un trou. *Bohren* en allemand a la même signification.

Je suis porté à penser que la manière d'utiliser les propriétés combustibles du charbon a dû faire l'objet d'une découverte spéciale qui n'a eu lieu qu'après celle du fer. Mais la date de la découverte du fer lui-même est tout aussi incertaine.

Lors de la conquête de la Gaule-Belgique par les Romains, la transition entre l'âge de pierre et l'âge de bronze, s'opérait seulement, et quant au fer, il y était fort rare si pas inconnu. Nos vaillantes populations durent alors reconnaître l'infériorité de leurs armes en silex et en bronze, elles apprirent sans doute de leurs vainqueurs l'art de fabriquer et de travailler le fer. Si l'on n'admet pas cette date, on ne peut du moins contester que le fer était connu dans notre pays dès le début de l'époque Franque (soit même 300 ans après l'ère chrétienne). C'est donc entre ces époques extrêmes que l'on peut vraisemblablement rapporter les premiers essais de fabrication du fer par nos ancêtres.

Liége n'est pas plus fixé que Mons et Charleroi sur l'époque de la découverte et de l'exploitation de la houille ; cette question a été, cependant, fréquemment étudiée dans cette province et a donné lieu à beaucoup d'articles spéciaux.

Henaux se base sur « la haute antiquité des araines, pour prouver que l'extraction de la houille a dû commencer à une époque immémoriale ». On ignore cependant à quelle époque les premières araines ont été construites ; on sait seulement qu'elles alimentaient les fontaines publiques de la cité bien longtemps avant le Xᵉ siècle. Quant à moi, je me demande si ces premières araines ont bien été construites dans le but de démerger les travaux d'exploitation (qui ne devaient pas être si importants à cette époque et qui devaient se pratiquer par galeries ouvertes sur le flanc des montagnes), ou si leur but n'a pas été de procurer à la ville de l'eau meilleure que celle du fleuve et des puits.

On sait, en effet, qu'à l'époque romaine on a construit dans diverses parties du pays un grand nombre d'aqueducs qui allaient chercher au loin l'eau potable destinée à l'alimentation et au service des bains.

« Ce qui est certain, dit F. Henaux, c'est que, vers la fin du XIIᵉ siècle, il y avait, non loin « de Plainevaux, une houillère abandonnée et dont le *bur* était comblé. *Le champ du bur* fut « donné, en 1202, par l'évêque Hugues de Pierrepont, à l'abbaye du Val-Sᵗ-Lambert pour y bâtir « une grange. »

Un savant moine du nom de Reinier, qui vécut à Liége de 1155 à 1230, auteur d'une chronique estimée, dit : « En 1195 on trouva dans beaucoup d'endroits de La Hesbaie une terre « noire propre à brûler au *foyer* ». Plus loin, sous la date de 1213, il ajoute : « Il faut clore cette année 1213, mais auparavant, je veux parler de trois choses utiles qui ont été découvertes chez nous et sont dignes de toute attention : la marne, puissant engrais pour les champs, et une terre noire absolument semblable aux charbons de bois, *très utile aux forgerons, aux usines* et aux pauvres pour faire du feu » [1].

La découverte du charbon à Liége a donné lieu à cette légende bien connue : Un vieillard [2] passant auprès d'un *forgeron*, dans un endroit nommé Coché, lui demanda : « Comment va le « métier ? Mal, répondit celui-ci, vu le prix élevé du charbon de bois. Brave homme, que n'allez-« vous là-haut, près du monastère? Vous y trouveriez, visibles à l'œil, des veines de houille excel-« lentes pour fondre ou chauffer le fer ».

Se je reproduis cette légende, c'est pour attirer l'attention sur le mot « *forgeron* » ; il vient encore à l'appui de mon opinion personnelle que *l'usage de la houille est venu après la découverte du fer.*

L'un des plus anciens documents pour Liége est un bail de 1228 reproduit par M. F. Henaux, dont les recherches sont si précieuses. Ce bail fait réserve de tirer la houille d'une propriété donnée à rendage.

Pour Charleroi, on ne connaît aucune disposition antérieure à la fin du XIII° siècle. D'après Bidaut, il existe un acte de l'an 1297 concernant une donation faite par le comte de Namur, Jean, fils de Guy, de la maison de Flandre ou de Dampierre, à Allard de Resves, seigneur de Borgelles, du territoire et des villages de Gilliers et de Charnoi (Gilly et Charleroy). Dans cet acte, on comprend d'une manière expresse, parmi les choses cédées, les mines de houille, « lesquelles houil-« lères, est-il dit dans l'acte susdit, le sire de Resves devant dit et ses hoirs pourra et peut faire « prendre et lever et poursuivre partout entierement es dits lieux aux us droits et coutumes « que notre très-amé père et sire devant dit les y avait et avoir povait ».

Mais le plus curieux et le plus important de tous les anciens documents pour servir à l'histoire de l'exploitation de la houille en Belgique et plus spécialement dans le Hainaut, est bien certainement le règlement en date du 6 juin 1248 concernant l'exploitation dans les seigneuries situées au Couchant de Mons.

Il a été publié par M. Gachard, dans sa *Collection de documents inédits concernant l'histoire de Belgique.* 1323, T. 1, pages 107 et suivantes.

« Ce règlement, dit-il, le plus ancien que j'aie trouvé jusqu'ici dans les provinces de Liége, « Hainaut et Namur concernant l'extraction de la houille, m'a paru mériter, sous plusieurs rap-« ports, d'être livré à l'impression. Il fut prolongé pour six ans au mois d'octobre 1251 ; l'acte « qui contient cette prolongation repose aussi aux archives du Chapitre de Sainte-Waudru. »

---

1. Cette traduction est empruntée au mémoire de M. Jules Monoyer sur l'origine et le développement de l'industrie houillère dans le bassin du Centre.

2. D'après les uns, un ange sous la figure d'un vieillard ; d'après d'autres, on doit lire anglus, un anglais ; suivant Henaux, ce vieillard était un houilleur de Plainevaux.

Voici la traduction donnée par M. Gachard, de ce précieux document.

« Je Wantier, par la grâce de Dieu, abbé de l'église de Saint-Ghislain, et tout le couvent
« de ce même lieu ; et Je Julienne, doyenne de l'église de Madame Sainte-Waudru de Mons,
« et tout le chapitre de la même église; et Je Jean de Havré, Chevalier et Maire de Quaregnon ; et
« Je Bauduin de Hennin, Chevalier, Sire de Boussu en partie ; et Je Jean Dierpent, Chevalier;
« et Je Jean le Cornu des Fontaines Chevalier; et Je Bauduin de Dour, Chevalier, faisons
« savoir à tous ceux que ces lettres verront et ouï-ront, que nous, pour l'avantage et le profit
« de nos églises et de nous-mêmes, avons, touchant les houillères que chacun de nous possède,
« ordonné, de commun accord, et du consentemment de tous ceux qui y ont part avec nous,
« que nul, en houillères situées sur nos territoires ou dans le territoire de nos parchoniers [1]
« ou de nos hommes, ne pourra fouir charbon, ni le tirer sur terre, cette année, depuis la
« Pentecôte prochaine jusqu'à la fête de Saint-Remi, et les trois années suivantes, depuis la
« Pentecôte jusqu'à la fête de la Sainte-Croix à la procession de Tournai.

« Pendant le temps auquel s'applique cette défense les ouvriers pourront bien travailler dans
« les bures *(en leur veures)* s'il en est besoin pour l'entretien d'icelles, mais sans fouir ni tirer
« charbon. Durant les dites quatre années, dans toutes les bures qui sont à présent, et qui
« seront encore s'il plaît à Dieu, nul ne pourra fouir ou tirer charbon que de jour, et d'une
« manière loyale ; et s'il arrivait qu'aucun ayant part avec nous dans les houillères ci-devant
« nommées y fouît ou en tirât charbon la nuit, ou durant le terme défendu (dont Dieu les
« garde), il perdrait l'œuvre [2] à toujours, sans droit de réclamations envers le Seigneur dans
« la justice de qui ce serait. On ne pourra, dans tous les lieux ci-devant nommés, fouir
« charbon durant les quatre ans mentionnés ci-dessus, savoir : en la justice de Saint-Ghislain
« et de ses parchoniers, qu'à vingt puits; en la justice de Sainte-Waudru et de ses parchoniers,
« qu'à six puits, sauf que si l'église de Sainte-Waudru devant dite et de ses parchoniers veu-
« lent chercher charbon ou fouir en la prévôté de Quaregnon, ils le peuvent faire à deux puits,
« outre les six puits devant dits ; en la justice de monseigneur Baudouin de Hennin et de ses
« parchoniers, qu'à six puits. Le nombre de puits ainsi fixé ne pourra, pour quelque ouvrage
« qui soit à présent en la justice de nul de nous ni de nos parchoniers, ou qui y surviendrait
« durant ces quatre années, être augmenté, sauf qu'il est loisible à messire Bauduin de Dour
« de faire travailler dans sa propre justice qu'il tient en fief de monseigneur de Fontaines, à
« trois puits sans plus. Et, pour toutes ces choses garantir nous et nos parchoniers, de com-
« mun accord y avons commis trois hommes sermentés :

---

1. *Parchonier,* celui qui possède un bien avec un autre et qui en partage les fruits.
2. *L'œuvre.* Je crois qu'il faut entendre par ce mot, le droit d'extraire le charbon.

« Nicolas de Wasmes, dit Du Bois, Gilbert de Frameries le clerc, et Nicolas de Boussu, le
« Gantier, et pour que ce soit chose ferme et stable, nous tous ci - devant nommés en
« avons fait lettres scellées des sceaux de tous ceux de nous qui en ont ; et nous qui n'en
« avons point, nous nous rapportons aux sceaux de ceux qui les y ont mis. Ce fut fait en l'an
« de l'incarnation de Notre-Seigneur, mil deux cent et quarante-huit, au mois de jeskereeh la
« veille de la Pentecôte. »

Cet acte prouve combien, à cette époque déjà, l'exploitation était active dans le Couchant de
Mons, puisque les Seigneurs hauts-justiciers se trouvaient dans la nécessité de la limiter. On
ne peut s'empêcher, en le lisant, de le rapprocher des conventions du même genre qui se font
parfois entre nos exploitants actuels.

En vertu de cet acte, le nombre des puits en activité ne pouvait dépasser 37 pendant un terme
de 4 à 5 mois de chaque année, et de plus l'extraction ne pouvait avoir lieu que de jour.

Cela fait supposer qu'il était tenu en réserve un assez grand nombre d'autres puits dans lesquels on pouvait seulement se livrer à cette saison à des travaux d'entretien.

On devine peu les motifs d'une semblable convention entre les seigneurs.

Avait-on pour but d'éviter une concurrence fâcheuse entre les exploitants des diverses juridictions, à une époque de l'année où le besoin de charbon de terre devait être fort restreint et
les prix de vente très bas ?

Était-ce pour donner plus de bras à l'agriculture vers l'époque de la moisson ?

N'était-ce pas aussi à cause de la difficulté de la navigation sur la Haine, pendant la période de l'été, lors des basses eaux, car à cette époque cette rivière n'était, comme on le verra,
qu'un gros ruisseau tortueux et envasé sans barrage ?

Le cadre de ce travail ne me permet pas d'entrer dans la discussion des diverses hypothèses
à faire à ce sujet.

CHAPITRE II.

COUTUMES ANCIENNES EN MATIÈRE DE CHARBONNAGE.

DROITS DES SEIGNEURS ET DES CONCESSIONNAIRES.

LÉGISLATION.

CHAPITRE II.

COUTUMES ANCIENNES EN MATIÈRE DE CHARBONNAGE.

DROITS DES SEIGNEURS ET DES CONCESSIONNAIRES.

LÉGISLATION.

Le document qu'on vient de lire prouve encore que la propriété des mines de houille était déjà, à cette époque, un attribut de la Haute-justice. Les seigneurs hauts-justiciers pouvaient en effet rechercher et exploiter par eux-mêmes, comme ils étaient libres de concéder à qui ils jugeaient, la faculté d'extraire les mines moyennant certaines redevances réglées par conventions. Ce privilége des seigneurs n'était point dû à la propriété du sol, ni du fond, il dérivait uniquement du pouvoir attribué à la Haute-justice.

On sait qu'à Liége et dans le Limbourg le principe contraire prévalait : c'était le propriétaire du sol qui avait droit à la propriété du dessous.

Il est extrêmement remarquable que d'une part les seigneurs du Hainaut et d'autre part les propriétaires du sol du pays de Liége aient pu maintenir leurs anciennes prérogatives jusqu'au siècle dernier, alors que ces localités ont été de tout temps sous la domination de pays où il était de principe que les mines appartenaient aux souverains. Si cependant on observe parfois que les comtes de Hainaut et les souverains sont intervenus dans les contrats de remise, ou prélevaient un tantième dans les droits de charbonnage, c'est d'abord en vertu de leur titre et dignité d'abbés du chapitre de Sainte-Waudru[1], et que par la suite, leurs exigences furent telles qu'ils par-

---

1. On lit à la page 113 du manuscrit N° 2024 déjà cité, que le père Ruteau croit que ce fut au temps de Baudouin le Courageux en 1195, que les comtes de Hainaut et les souverains obtinrent le titre et la dignité d'abbés commandataires du chapitre de Sainte-Waudru avec tous les revenus et prérogatives en dépendant. M. Léopold Devillers, dans son mémoire sur l'église de Sainte-Waudru, fait ressortir que la dignité abbatiale peut remonter à l'an 881, époque où les chanoinesses se virent obligées de recourir au comte Regnier-au-long-Col, lors de l'invasion des Normands. ¡Il suppose même encore une date plus ancienne.

vinrent à distraire du chapitre certaines parties du territoire (Jemmapes d'abord, Frameries longtemps après) et à les régir en qualité de seigneur haut-justicier.

Les droits des seigneurs furent consacrés dans les chartes générales du Hainaut de 1534 ; l'art. 13 du chapitre 106 classait expressément *l'avoir extrayé* parmi les cas de haute justice.

Le projet des chartes nouvelles présenté et lu à l'assemblée des États de Hainaut réunis à Mons en 1560, dit au chapitre 130[1] :

« Art. 1er que haute justice et seigneurie s'extend et comprend... avoir extraict. »

« Art. 2e que... avoir extraict s'extend toutes choses trouvées en terre, comme mine de fer, « charbon, plomb, étain et autres semblables. »

Mais, en 1618, les archiducs Albert et Isabelle ont fait valoir leur droit en ce qui concerne les mines de plomb, étain et d'autres métaux. Voici ce qu'on lit à ce sujet dans le recueil des verbaux et décrets relatifs à l'homologation des chartes du Hainaut de 1619[2] :

« Le 10 février 1618, le conseil privé de LL. AA. RR. les archiducs Albert et Isabelle, renforcé par le chevalier Perquins, chancelier du Brabant, a dit sur les deux articles transcrits ci-dessus : Il a semblé que le plomb, étain et autres minéraux doivent appartenir au prince par droit de régale ; mais comme les états soutiennent au contraire que le tout appartient au haut-justicier, a été advisé de coucher la clause dernière du dit article, en ces termes : par avoir en terre non extrayé sont entendues toutes choses trouvées en terre, comme charbon, pierres et autres semblables ; mais au regard des mines de fer, l'on se règlera comme du passé. Et pour celles de plomb, étain et autres métaux et minéraux semblables ou plus nobles, nous entendons iceux nous appartenir par droit de régale, sauf à ceux qui voudront maintenir le contraire de se pourvoir en justice, pour notre advocat ouï en être ordonné ce que de raison. »

Les États du Hainaut n'ont pu vaincre cette résistance et le passage de l'art. 2 du projet au chapitre 130, concernant les mines de plomb, étain, cuivre, etc., fut supprimé.

Le 5 mars 1619 parurent enfin les chartes générales du Hainaut qui formaient un code des lois établies pour ce pays par le souverain. Elles ont fixé dans les chapitres 122 et 130 la nature du droit de charbonnage, tant dans les mains du seigneur haut-justicier, que dans celles des concessionnaires, leurs successeurs et ayants cause.

Voici copie des principaux articles relatifs aux mines.

1. Archives de Mons.
2. Archives de Mons. Voir aussi GRAR. T. 3, p. 31.

CHARTES GÉNÉRALES DU HAINAUT DU 5 MARS 1619.

Chapitre CXXII.

« Art. xii. Toutes pierres, charbons, mines de fer et autres métaux estans en terre, seront
« reputez pour héritages, et séparez de terre seront tenus pour meubles.

« Art. xiii. Droit de charbonnage généralement sera tenu pour héritage, néanmoins y succé-
« deront les enfans à égale portion autant la fille que le fils, et en pourront les héritiers puis-
« sans d'aliéner, disposer par vente, transport ou adois de père et mère, sans payer droit sei-
« gneurial ne fût qa'il soit tenu en fief, auquel cas la loy générale des fiefs aura lieu et en sera
« deu le droit seigneurial.

Art. xiv. Et au regard du droit d'entrecens, il sera pareillement tenu pour héritage.

Chapitre CXXX.

« Art. i. Haute-justice et seigneurie s'extend et comprend de faire emprisonner, pilloriser,
« eschaffauder, faire exécution par pendre, décapiter, mettre sur roue, bouillir, brûler, enfouir,
« flastrir, exoriller, coupper poing, bannir, fustiger, torturer, lever corps morts, trouve de
« mouches à miel, de droits d'aubanitez, bastardise, biens vacans, espaves, avoir en terre
« non extrayé, loix de sang, aussi celles à faute de payer dixmes, terrage, winage, tonlieux et
« toutes amendes avec création des sergeans.

Art. ii. Par biens vacans sont entendus les biens délaissez par celui qui est décédé sans héri-
« ritier habil à lui succéder, par biens espaves, bêtes esgarées et autres biens meubliers non
« advouez par celui à qu'ils appartiendroient et *par avoir en terre non extrayé sont entendues*
« *choses trouvées en terre, comme charbon, pierre et semblables; et au regard des mines de fer,*
« *l'on se réglera comme du passé.*

« Art. xiv. Seigneurs haut-justiciers sont égaux en tous cas de leur haute-justice, si par fait
« espécial n'appert du contraire. »

D'après ces lois, les mines de charbon en terre non extraites appartenaient donc encore au
seigneur haut-justicier, et cette propriété étant annexée à la haute-justice, était indivisible
et passait en entier à celui ou à celle qui était appelé à la succession du fief ou seigneurie avec
les droits y attachés.

« Il est bien prouvé que les seigneurs du Hainaut n'étaient point propriétaires fonciers des
« mines de charbon de terre, et ce n'est pas de la propriété foncière de ces mines que décou-
« lait pour eux le droit exclusif qu'ils avaient d'en permettre l'exploitation. Ce droit ne pou-
« vait donc découler que de la puissance féodale, que de la haute justice ; c'est aussi de la haute
« justice que découlait pour eux la redevance qui leur était payée pour prix de l'exercice qu'ils
« faisaient en faveur de tel ou de tel de ce droit exclusif[1]. »

Les concessions du droit de rechercher et d'exploiter les mines se faisaient moyennant des
rétributions, des redevances connues sous les noms de *cens* et *d'entrecens*. D'après Merlin,
Delebecque, Grar et d'autres encore, il semblerait que le *cens* dût s'entendre uniquement du
droit qui se payait au seigneur pour avoir la permission d'ouvrir une fosse à charbon ; c'est une
grave erreur, de même que de prétendre avec Delattre[2], que c'était une redevance annuelle et
perpétuelle imposée lors de la première concession de l'héritage. Une meilleure définition est
celle donnée dans le «mémoire sur le Hainaut», manuscrit attribué à Dubuisson, écrit vers 1750 :
« Le cens est une reconnaissance qu'on paye au domaine (ou au seigneur) pour pouvoir exploi-
« ter une veine de charbon ; celui qui obtient ce pouvoir doit toujours payer cette reconnais-
« sance quoiqu'il ne ferait pas travailler à la dite veine ni en extraire aucune houille, il suffit,
« qu'il en ait acheté le pouvoir et le cens est le prix de cette faculté. »

L'examen que j'ai fait du texte de plus de 150 actes, baux de remise, congés de charbonnage,
émanant du chapitre de Sainte-Waudru, de l'abbaye de Saint-Ghislain et de divers Seigneurs
hauts-justiciers du Couchant de Mons, me porte à dire que, dans ce pays, le cens était un droit
fixe, déterminé par contrat et perçu annuellement, soit pour la remise d'un ou de plusieurs
corps de veine, soit pour l'exploitation qui y était faite.

Il existe cependant une différence notable entre les actes de remise de ces divers Seigneurs
hauts-justiciers. Les premiers baux du chapitre de Sainte-Waudru ne fixent aucun délai comme
durée ; ceux conclus pendant le cours des années 1485 et 1486 portent un terme de six ans. A
partir de 1488 jusqu'en 1528, la durée maximum des actes de remise ne dépasse pas trois
ans. De 1528 à 1560 les baux se renouvellent généralement tous les deux ans, et vers 1536 on
voit de plus en plus prédominer les baux annuels qui deviennent généraux vers l'an 1600. Au
XVIIIe siècle, on ne rencontre plus que des baux annuels. Dans ces derniers, le droit de cens
est presque toujours déterminé en totalité. Voir annexe I de ce chapitre[3].

Les abbés de Saint-Ghislain au contraire, après avoir fait au XIVe et XVe siècles des contrats

1. MERLIN. Questions de droit (1810). T. 3, p. 414.
2. Bibliothèque de Mons. N° 2024, p. 465.
3. Voir aux annexes quelques exemples au sujet des baux du siècle dernier.

de remise pour trois, six, neuf et douze ans, ont encore, au XVI⁰ siècle, prolongé ce terme jusqu'à 36 ans, et finalement depuis lors aucun terme n'a plus été fixé dans ces baux. Il en résulte donc que les articles concernant le droit de cens spécifient la somme qui devait être payée annuellement, comme on le verra dans le tableau annexe II.

La plupart des autres Seigneurs hauts-justiciers procédaient comme les abbés de Saint-Ghislain, mais en ce qui concerne les terres domaniales et celles dépendant de la juridiction du Roi ou Comte de Hainaut, la coutume était semblable à celle du chapitre de Sainte-Waudru, et l'on exposait les mines et charbonnages à des recours annuels dans lesquels on fixait les conditions de remise.

Le droit d'entrecens consistait dans la redevance d'un tantième sur le produit de l'extraction, il n'était payable que lorsque la mine donnait des fruits.

Dans les seigneuries des abbés de Saint-Ghislain, il était généralement fixé, pendant le siècle dernier, au cinquantième panier de toute espèce de charbon, et lors de l'introduction des machines à vapeur dans les mines, on exempta de la redevance les charbons destinés aux machines à feu.

Les autres Seigneurs suivaient la même règle, mais le chapitre de Sainte-Waudru, le domaine et le Roi déterminaient, à l'époque des recours annuels, la quotité de la redevance qui se traduisait souvent en une quantité de « forge » (charbons menus) variant de 1/4 à 1/6 de l'extraction de la houille menue. La rétribution sur la grosse houille n'était pas fixée. Souvent aussi ces conventions étaient faites par le receveur.

Le droit d'entrecens se payait en nature ou en argent, ce qui en faisait varier le prix en raison des mutations de celui du charbon.

C'est l'une des causes qui, probablement, ont déterminé le chapitre de Sainte-Waudru et le domaine à maintenir les recours annuels.

Voici ce qu'on lit à ce sujet dans le mémoire sur le Hainaut attribué à Dubuisson [1] :

« L'entrecens est une reconnaissance qu'on paye au Domaine, lorsqu'après avoir obtenu la
« faculté d'exploiter une veine, l'adjudication est parvenue à faire fructifier, c'est-à-dire à en
« extraire la houille, de sorte que l'entrecens ne se paye que lorsqu'on commence à faire profit
« de la veine adjugée. Ces droits sont l'un et l'autre seigneurs.

« Cette branche du domaine est sans contredit celle où il y a plus de profit à faire et ce-
« pendant c'est peut être celle qui est la plus négligée. Il semble que ces richesses souter-
« raines soient à la merci de ceux qui veulent bien se donner la peine de les extraire, puisqu'il
« est constant que ce qui en revient au Domaine n'est rien en comparaison de ce qui en devrait

1. Bibliothèque de Mons, vol. n⁰ 2024, page 465 et suivantes.

« revenir, eu égard à la quantité immense de charbon qui se tire pendant le cours d'une année,
« d'où s'infère qu'il se fraude pour le moins les 3/4 des droits de Sa Majesté à quoi le magis-
« trat est d'autant moins attentif qu'il ne saurait rien perdre de son droit, ayant coutume d'ex-
« poser en recours tous les ans, généralement tous les ouvrages de charbonnage pour lequel
« il se fait payer tant pour vins du passement que frais de la criée une somme de 526 l. 8 s.

« Il me paraît cependant qu'on pourrait se dispenser de procéder annuellement à ce recours,
« je ne vois pas quel avantage il puisse en revenir au Domaine, au contraire je crois que ces
« recours fréquents lui portent plus de préjudice que de profit, puisqu'ils accumulent les frais
« et détournent souvent les entrepreneurs de continuer leurs travaux pour peu qu'ils y ren-
« contrent d'obstacle.

« Il serait donc absolument nécessaire, si l'on veut tirer un parti avantageux du charbonnage
« de le mettre sur le même pied, où l'ont mis chez eux les Seigneurs particuliers qui avec
« quelques veines et même assez difficiles à exploiter, qui se trouvent sous leur seigneurie,
« font six fois plus de profit que sa Majesté avec les cens et peut être même davantage qui se
« trouvent sur le territoire dépendant de son domaine de Mons, etc.

« Il conviendrait donc d'adopter les mêmes maximes que les Seigneurs particuliers en tran-
« sigeant avec des ouvriers ou négociants, gens riches et puissants pour l'exploitation de telle
« ou telle veine, parmi un tantième à convenir de toute sorte de charbon indistinctement, sans
« se contenter comme on a fait jusqu'ici du tantième des charbons propres aux forges seule-
« ment, tantième que l'on pourrait régler à proportion de la facilité avec laquelle on tra-
« vaillerait. . . . . »

Outre ces droits de cens et d'entre-cens, on trouve encore dans tous les actes du XVIIIe siècle
la mention de redevances comme droits de visite tant ordinaire qu'extraordinaire : 1° au
receveur seigneurial; 2° aux regards sermentés qui contrôlaient les travaux; 3° aux tourneurs
qui mesuraient le charbon ; enfin dans certains actes des abbés de Saint-Ghislain (entre autres
celui du Grand-Tas, 30 juin 1764), il est parlé d'un droit spécial, indépendant du droit de cens,
à prélever lors de la première ouverture faite dans une veine.

Ce sont peut-être les recours annuels dont il a été question précédemment qui ont induit en
erreur et fait penser que les concessions du droit d'exploiter les mines de charbon n'étaient
que temporaires et même annales.

D'après Merlin [1] : « le droit de charbonnage une fois accordé, il n'était pas permis au
« Seigneur haut-justicier de révoquer sa concession, il ne pouvait, de sa propre volonté, à quel
« titre et pour quelle raison que ce fût, annuler cette concession et remettre à un autre le

1. Questions de droit, loc. cit.

« droit d'exploiter : tout ce qui était en son pouvoir était de faire prononcer la déchéance par
« le tribunal compétent, lorsque des causes graves et l'intérêt public pouvaient y donner
« matière ».

Divers arrêts confirment cette manière de voir : l'un d'eux, très célèbre, est rapporté en
substance par divers auteurs [1].

Le chapitre de Sainte-Waudru avait, en sa qualité de Seigneur haut-justicier, concédé à
Richebée différentes veines situées au Couchant de Mons au Flénu. Cette concession avait été
faite dans la forme usitée pour ces charbonnages, c'est-à-dire qu'elle était annuelle. Plus tard,
il convint au Chapitre de reprendre ces veines et de le remettre à d'autres concessionnaires ;
Richebée prétendit au contraire se maintenir dans sa concession, et il y fut adjugé par l'arrêt
du 28 juillet 1782 du Conseil Souverain du Hainaut.

Ce document inédit est si important au point de vue juridique comme au point de vue historique que je suis heureux d'en reproduire des extraits, d'après l'original que M. Laporte,
directeur-gérant des charbonnages des Produits, a bien voulu me communiquer. Voir ann. III.

Ainsi, les droits des concessionnaires de charbonnages, même au Couchant de Mons, n'étaient
ni annuels, ni temporaires, mais perpétuels et inamovibles tant que ces concessionnaires
remplissaient les charges de leurs concessions ; l'obligation imposée aux concessionnaires de se
représenter, chaque année, devant les Seigneurs ou leurs receveurs respectifs, n'avait d'autre
objet que de reconnaître qu'ils tenaient d'eux leurs concessions et de déterminer la quotité du
droit d'entre-cens ou la valeur du charbon.

Voici encore, comme preuve à l'appui, un passage du rapport de M. l'ingénieur Delneufcour,
en date du 20 avril 1842, sur la demande en maintenue du charbonnage de l'Agrappe.

« A ces dernières sont jointes 7 quittances de 1777 et une de 1793; les premières signées
« par M. Brouwez, receveur des Domaines de l'Empereur Comte de Hainaut, ou par son épouse,
« et la dernière par le sieur Coupez, official ou commis du dit receveur. L'un et l'autre de
« ces actes de notoriété mentionnant que l'exploitation par les Sociétés dont il s'agit, avait lieu
« en vertu de concessions qui remontaient aux temps les plus reculés et dont la reproduction
« était moralement impossible, et que la présentation qui se faisait annuellement de la part de
« leurs membres au bureau général de l'Empereur, Seigneur de Frameries et Geronval, *n'était*
« *pas un renouvellement de concession, mais uniquement l'époque où le Receveur général du dit*
« *Empereur fixait la hauteur du droit de cens et d'entre-cens.* »

Mais s'il en est ainsi des concessions accordées au siècle dernier et même de celles qui ont été
données sitôt après la publication des Chartes générales du Hainaut, on ne pourrait affirmer,

---

1. DELEBECQUE. T. 1, p. 211.

je pense, qu'il en ait été de même des concessions anciennes telles que celles du XIII⁰ et XIV⁰ siècle.

On comprend que par la suite, les exploitations exigeant de grands travaux et beaucoup de dépenses, le droit d'exploiter ne pouvait, tant dans l'intérêt particulier que dans l'intérêt public, être un droit incertain, temporaire ou momentané. Un mémoire des exploitants du Département de Jemmapes à l'occasion de la discussion de la loi de 1810 [1], dit que toutes les concessions étaient à perpétuité. « Il n'y avait qu'une cessation volontaire et prolongée qui « fût une cause de déchéance, encore fallait-il une procédure et un jugement pour la pro- « noncer, et, pendant cette procédure même, le concessionnaire avait la faculté d'éviter la « déchéance par la reprise de ses travaux. Aussi les cas de déchéance étaient si rares, qu'à « peine en pourrait-on citer deux exemples en un siècle, cela tenait peut-être aussi à ce qu'il « n'y avait point de surveillance administrative. »

On voit d'après ce qui précède que, dans l'ancien Hainaut, les propriétaires du sol n'avaient aucun droit sur les mines, pas même le droit de préférence à l'exploitation, ils recevaient seulement des indemnités pour les dommages causés à leurs propriétés. Cette dernière clause se trouve inscrite dans divers contrats de charbonnages.

Il en était bien autrement dans le pays de Liége où la propriété du sol emportait la propriété du dessous. Pour que la propriété des houilles appartînt à un autre qu'au maître de l'héritage, il fallait que cet autre l'eût acquise, soit par titre, soit par prescription, soit par enquête. (Voir, à ce sujet, F. Henaux, dans son ouvrage intitulé : *la Houillerie du Pays de Liége.*)

La législation du Limbourg était à peu près semblable à celle du Pays de Liége : La houille appartenait au propriétaire du fond qui la contenait.

Dans le Brabant la propriété des mines constituait au contraire un droit régalien, c'est-à-dire, dépendant du Souverain.

Dans le Comté de Namur, le droit d'exploiter les mines dépendait plus spécialement du Comte, soit comme Souverain, soit comme Seigneur féodal. Parfois il cédait ses droits à d'arrière-vassaux en faveur desquels il détachait des parties de son fief.

Bidaut dans ses *Études minérales sur les mines de houille du bassin de Charleroi*, fait une remarque très intéressante :

« . . . . . quoique les localités qui composent aujourd'hui l'arrondissement de Charleroi « fissent partie de quatre États différents, le Comté de Namur, le Comté du Hainaut, le duché « de Brabant (plus tard Pays-Bas-Autrichiens) et la principauté de Liége, et que dans les quatre « États il y eût trois législations distinctes en matière des mines de houille, on n'a cependant

1. Grar. T. 1, p. 229.

« suivi (à une exception près) qu'une seule de ces législations, celle qui attribuait la dispo-
« sition des houilles aux Seigneurs hauts-justiciers. Il est fâcheux que l'on n'ait pas profité de
« cette circonstance, qui soustrayait les mines aux entreprises capricieuses des propriétaires du
« sol en les mettant à la disposition de la principale autorité de chaque lieu pour adopter un
« mode convenable de concession, il est très remarquable de voir, dans le Pays de Liége, le sys-
« tème contraire, celui qui laissait les mines à la disposition du propriétaire du sol, avoir,
« enfin de compte, abouti à l'arrangement si avantageux des concessions par limites verticales,
« tandis que dans la partie du pays dont je m'occupe elles étaient accordées par couches, par
« fragments de couches. »

J'ajouterai que c'est bien plus spécialement à l'égard des mines du Couchant de Mons qu'il
est à regretter que l'on ait adopté le système vicieux de concessions par couches, qui de tout
temps a été un obstacle au bon aménagement des travaux et qui été la cause de tant de
procès.

Il n'existait pas dans le Hainaut, comme dans le Pays de Liége, une Cour spéciale pour
vider les contestations auxquelles donnaient lieu les travaux des houillères. C'était la Cour
Souveraine des États du Hainaut qui statuait sur les différends.

Il n'y avait pas non plus de règlement général pour l'exploitation, ni de surveillance administrative, mais les Seigneurs hauts-justiciers inséraient parfois dans les contrats de concessions des
conditions particulières relatives à la conduite de l'exploitation. Ainsi l'on retrouve des clauses
concernant les obligations d'entretenir les conduits; de laisser des massifs appelés Souliers (voir
au chapitre V^e. Emploi des machines à vapeur dans les mines); de respecter les esponges
(espontes), entre les remises; de ne causer aucun préjudice aux fosses, veines et conduits
voisins, de ne pas exploiter sous les édifices, églises, etc. ; de combler les fosses après abandon ;
de remettre le sol en état de culture; de payer dommages aux propriétaires du terrain. Le
contrat du Grand-Hornu, de 1778, est un modèle du genre. Voir annexe V.

L'exécution des clauses des actes de remises était surveillée par des agents spéciaux nommés
regards. D'autres agents subalternes nommés *tourneurs* constataient la quantité de charbon
extraite en vue de prélever le droit d'entre-cens. — (La Société du Ricu-du-Cœur a encore aujourd'hui des tourneurs auprès de ses forfaits). Comme mœurs du temps et au sujet des attri-
butions des regards, je donne copie d'un acte très curieux relativement à un bail du charbonnage de la Grande-Veine du Bois de Saint-Ghislain. Voir annexe VIII.

Je ne puis m'étendre davantage sur ces questions historiques; plusieurs volumes suffiraient
à peine pour les traiter ; je laisse à d'autres, plus compétents, le soin de mettre en relief les
actes si intéressants des premiers siècles de nos exploitations. Mon but n'est principalement, je
le répète, que de faire ressortir l'influence notable que la manière de procéder de nos ancêtres

a eue sur la marche de nos exploitations. Cependant il m'a paru intéressant, à divers points de vue, de publier à la suite de ce chapitre, comme annexe, le 1er bail régulier que l'on possède du chapitre de Sainte-Waudru ; je donne ensuite copie de 3 actes du XVIIIe siècle contenant les principales conditions insérées dans les contrats de cette époque. (Annexes IV, V, VI, VII.)

C'est sous l'empire de toutes ces anciennes coutumes et des chartes de 1534-1619 que furent créées au siècle dernier dans le Hainaut la plupart de nos concessions actuelles qui plus tard ont été maintenues.

On a vu que notre pays était divisé en un grand nombre de seigneuries soumises à diverses juridictions, c'est ce que fait ressortir la carte que j'ai dressée d'après les anciens actes de concession, de là déjà les différences notables dans le mode suivi pour les remises.

Les abbés de Saint-Ghislain, et en général les autres seigneurs hauts-justiciers, concédaient de grands groupes de veines, tandis que le chapitre de Sainte-Waudru et le Roi opéraient des divisions excessives. Cet état de choses est cependant moins dû à ces seigneurs hauts-justiciers qu'à leurs receveurs qui voyaient dans ce système un moyen d'accroître leurs revenus. C'est probablement dans le même but que les baux annuels ont été créés pour les charbonnages dépendant des juridictions de Sainte-Waudru et du Roi, alors que le système contraire prévalait là où les seigneurs administraient par eux-mêmes, comme le faisaient les abbés de Saint-Ghislain [1].

Une autre circonstance est venue multiplier encore le système de division ; ce sont les contrats particuliers des concessionnaires primitifs envers des tiers auxquels ils remettaient une partie de leur concession. Parfois ces contrats étaient approuvés par les seigneurs hauts-justiciers, parfois aussi ils n'étaient pas reconnus et les premiers concessionnaires demeuraient responsables.

Je donne, dans un chapitre spécial, l'historique de quelques-unes de nos concessions, où ces faits seront complétement établis.

Les lois abolitives de la féodalité en 1793 eurent pour effet de retirer aux seigneurs hauts-justiciers les priviléges qu'ils tenaient des usages contenus dans les chartes du Hainaut et de les restituer à la nation ou au souverain. Les droits de cens et d'entrecens furent abolis en même temps.

La réunion de la Belgique à la République française en 1794 mit nos mines sous le régime de la loi de 1791 dont la publication fut ordonnée dans notre pays le 20 novembre 1795.

Cette loi mettait les mines entre les mains de la nation et accordait au propriétaire de la surface un droit d'exploitation sur les mines susceptibles d'être exploitées, ou à tranchée ouverte, ou avec fosse et lumière jusqu'à 100 pieds de profondeur seulement ; elle lui accordait en outre un droit de préférence et un droit d'indemnité.

---

1. Voir l'arrêt de la Cour souveraine du Hainaut, annexe III.

Cette loi fut bientôt reconnue vicieuse et remplacée par celle du 21 avril 1810 qui, dans ses principales dispositions, nous régit encore aujourd'hui.

On sait qu'aux termes de cette loi les mines ne peuvent être exploitées qu'en vertu d'un acte de concession délibéré en Conseil d'Etat [1] ; elle établit en faveur des propriétaires de la surface une certaine préférence pour l'obtention des concessions ; elle règle le taux de l'indemnité à accorder au propriétaire du sol en raison de l'exploitation des mines sous son fonds, elle proclame l'utilité publique pour l'établissement des communications dans l'intérêt d'une exploitation.

Ces deux lois, loin de porter atteinte aux droits que les exploitants tenaient des coutumes et usages locaux, n'ont fait que les confirmer formellement en ce qui concerne les exploitations en activité à cette époque. L'art. 4 de la loi du 12-28 juillet 1791 en garantissait la maintenue pour un terme de 50 années.

Ces mêmes droits ont été reconnus et consacrés par le titre VI de la loi du 21 avril 1810. Son article 51 dit en effet :

« Les concessionnaires antérieurs à la présente loi deviendront du jour de sa publication, pro-
« priétaires incommutables, sans aucune formalité préalable d'affiches, vérifications de terrain
« ou autres préliminaires, à la charge seulement d'exécuter, s'il y en a, les conventions faites
« avec les propriétaires de la surface et sans que ceux-ci puissent se prévaloir des articles
« 6 et 42. »

Les délais pour les demandes en reconnaisance des anciennes concessions ont été fixés par les articles 1 et 2 du décret du 3 janvier 1813 et par les articles 10, 11 et 12 de l'arrêté royal du 18 septembre 1818 qui interdit les exploitations pour lesquelles une demande en maintenue n'aurait pas été présentée avant le 1er janvier 1819.

Enfin le décret impérial du 3 janvier 1813 est venu imposer les premières dispositions de police relatives à l'exploitation des mines.

---

1. D'après la loi du 2 mai 1837, le Conseil des Mines est investi des fonctions du Conseil d'État mentionné ci-dessus.

ANNEXES AU CHAPITRE II.

I.

Archives de Mons. Ste-Waudru. Registre 30. « Le 28 d'août 1748, Ignace Charlé, conseiller tré-
» sorier des chartes du Païs et Comté du Hainaut, Receveur Général du Noble et Illustre Chapitre
» Roïal de Ste-Waudru, accompagné du Regard sermenté du dit Chapitre, a accordé à Simon et Jean
» Audin, tant pour eux que pour leurs consors absens pour lesquels ils se sont faits forts, le pouvoir de
» quester après les veines et fosses de Renom dit Fourmiche en queste sur Quaregnon, au rendage de
» *quatre livres pour la totalité du droit de cens pour une année commencée à la St Jean-Baptiste der-*
» *nier et finir à pareil jour* 1750..... »

Même registre : 3 sept. 1764. « Droit de quester après les veines et fosses de six Paulmes à tirage
» sur Quaregnon, au rendage de cinq livres pour la totalité du droit de cens, pour une année commen-
» cée, etc. »

Id. pour cinq Paulmes, pour Grand et Petit Samain, pour Picarte.

Registre n° 32. 21 août 1785. Rendage des Produits. « Faculté de pouvoir quester après les veines
» et fosses de Brese et Carlier sur le fief du Flénu, au rendage de quinze livres pour la totalité du droit
» de cens et pour une année seulement.... »

Id. Grand et Petit Franois,	id.	15 livres....
Id. Cornaillette et Dure-Veine,	id.	15 livres....
Id. Plate-Veine et Sauwillarde,	id.	15 livres....
Id. Gade et Hanas,	id.	15 livres....
Id. Grande et Petite-Veine à l'aune,	id.	15 livres....
Id. Grand et Petit Gaillet,	id.	15 livres....

II.

RENDAGE DE	DATE DE LA REMISE.	ARTICLE CONCERNANT LE CENS.
Machine autrichienne (Escouffiaux).	31 juillet 1747.	24 livres l'an de chaque veine qu'on extraira.
Six Paulmes sur Wasmes.	11 mars 1755, 30 avril 1759.	48 livres l'an pour six paulmes. 24 livres l'an pour le Grand Couteau. 24 livres l'an pour Bahu soit à queste ou à tirage.
Grand Tas.	30 juin 1764.	18 livres par chaque corps de veine au nombre de 4 faisant ensemble la somme de 72 livres, tire non tire [1].
Grand Hornu.	19 janvier 1778.	24 livres annuellement par chaque corps de veine qu'ils exploiteront chaque année à commencer sitôt qu'ils tireront charbon et ainsi se payer chaque année jusqu'au jour qu'ils en feront leur abandon.
Grande Garde de Dieu.	8 juin 1779, 7 mars 1780.	192 livres l'an, tire non tire [1].

Tous ces actes émanent des Abbés de Saint-Ghislain.

1. *Tire non tire* signifie : avec ou sans extraction.

III.

28 JUILLET 1782. — ARRÊT DU CONSEIL SOUVERAIN DU HAINAUT.

EXTRAITS.

Comme au Conseil-Souverain de Sa Majesté l'Impératrice Douairière et Reine Apostolique en Hainau, avoit été présenté requête le vingt-huit août mil sept cent soixante-dix huit, de la part d'Ambroise-Joseph Richebé, négociant de résidence à Jemappes, et remontré que pour faire fleurir le commerce de charbon et augmenter les revenus du seigneur haut-justicier, à qui les droits de cens et d'entre-cens étoient dus en cette qualité, il s'étoit engagé jointement quelques associés par contrat passé le vingt-trois août mil sept cent soixante-cinq, avec les Maîtres du charbonage des Produits, d'établir machine à feu, comme il avoit fait dans le courant de la même année sur la seigneurie du chapitre de Ste-Waudru à Quaregnon à l'effet de pouvoir exploiter treize à quatorze corps de veine rappelés audit contrat, telsque Breze et Carlier, Grand et Petit Franois, Gade et hanas, Grande et Petite Veine à l'aulne etc., dont les dits charbonniers auroient expressément reconnu l'impossibilité par ce même contrat, de tirer aucun fruit sans l'aide d'une machine à feu, à cause de l'abondance d'eau qui les submergeoit de façon que le remontrant pour être d'autant plus assuré par lui-même que ces Maîtres n'auroient fait autant que possible, tous ouvrages utils et nécessaires pour la meilleure exploitation, s'étoit intéressé aussi dans cette société charbonnière pour six vingt-qua-trièmes, avoit demandé en conséquence es années mil sept cent soixante-sept, mil sept cent soixante-huit et mil sept cent soixante-neuf, par le ministère de Nicolas Cornet et du sieur Delacroix demeurant à Saint-Ghislain ses co-associés au charbonnage des Produits, au s^r Charlez lors receveur du chapitre Sainte-Waudru, la permission de quester après les veines ci-dessus nommées et autres dépendantes de sa machine à feu, il en avoit payé exactement tous les rendages chaque année, y avoit fait faire de suite deux avaleresses, différens bouveaux et forages pour reconnoître et rendre exploitables les veines du grand et petit Bequet, celle dite houbarde et les grand et petit Franois, à quoi étant parvenu à l'égard de ces deux dernières, il y avoit fait construire une machine à moulettes, on en avoit extrayé charbon. Philippes Duez ancien regard du charbonnage sous la seigneurie du chapitre de Sainte-Waudru y avoit commit différentes fois des tourneurs sermentés à la fin de mesurer et tenir nottes pertinantes du charbon qu'on en tireroit et les deniers dus aux Dames de ce chapitre pour leur droit d'entre-cens en avoient été perçus par le sieur Charlez receveur. Mais ces dépenses toutes considérables qu'elles étoient n'avoient produit qu'une réussite momentanée, et étoient devenues pour ainsi dire superflues à cause de la grande abondance d'eau qui étoit venu remplir tout à coup les ouvrages qui étoient pratiqués pour l'exploitation de ces mêmes veines et n'avoient laissé d'autre consolation aux Maîtres des produits, que celle d'avoir reconnu en droiteuses les veines des grand et petit Bequet, de sorte que ceux-ci fatigués de ces dépenses excessives et craignant de se ruiner entièrement à l'avenir, s'ils avoient continué dans leur premier dessein d'exploiter leurs corps de veine les avoient abandonnées et s'étoient dispensés dès lors de demander au receveur du prédit chapitre la faculter de les quester. Le remontrant s'étant vu délaissé par ses co-associés au charbonnage, n'avoit pas perdu courage et avoit commencé vers l'an mil sept cent septante à reprendre du receveur Charlez pour lui et autre compagnie le pouvoir de quester après les veines de Breze et Carlier, ce qu'il avoit continué de faire jusques compris mil sept cent septante-sept, avec la différence néanmoins qu'il avoit repris chaque année semblable permission de quester après d'autres veines et que lors de sa dernière reprise, il avoit tenu du dit chapitre quatorze corps de veine, savoir Breze et Carlier, grand et petit Franois, Cornaillette et Dure veine, Platte veine et Soumilliarte, Gade et Hanas, Grande et Petite veine à l'aune, Grand et Petit Gaillez, enfin il avoit eu soin d'acquitter exactement pendant tout ce tems aux receveurs successifs du dit chapitre les rendages de ses reprises et *droits dus au regard* sermenté, dont il étoit impossible de fixer la hauteur, les époques, le nombre précis des veines qu'il avoit repris chaque année, leurs véritables noms et autres circonstances relatives au déduit de la présente requête, à cause qu'on n'avoit pu jusqu'ici se procurer du receveur actuel Ghislain les apaisements nécessaires à cet effet. Il étoit vrai que le dit Richebé sollicité par ses co-associés au charbonnage des Produits d'exploiter les veines qu'ils avoient en sur la juridiction de Sa Majesté sous l'espoir d'en retirer plus de fruit qu'ils n'auroient fait en travaillant les veines du chapitre de Sainte-Waudru, n'avoit fait faire aucun ouvrage sur ces dernières veines jusqu'en mil sept cent septante-quatre environ, qu'il avoit remis par contrat aux Maîtres de la Cosette à balles, les grand et petit Becquets, la grande houbarde et son faniau, sous le bon plaisir des Dames Chanoinesses du dit chapitre lesquels maîtres, s'étant obligés de les travailler avec accélération pour reconnoître les platteuses, y avoient fait différens ouvrages, jusques là qu'ils étoient encore actuellement occupés à parachever une avaleresse de vingt-quatre à vingt-cinq toises et étoient même intentionnés de la continuer dans une plus grande profondeur, pour à ce moyen aller couper la grande houbarde et son faniau, qui se trouvoient en dessous des dits Becquets, étant à remarquer que cette avaleresse n'avoit été commencée qu'ensuite d'un forage ordonné par le remontrant, afin d'être appaisé de la position des dites platteuses, qu'à frais communs il avoit fait pratiquer avec les Maîtres de Grand et Petit Franois, Breze et Carlier un bouveau dans la machine à moulettes proche celle à feu, pour y procurer l'airage nécessaire, que le susdit bouveau n'avoit été achevé que la semaine finie le sept mars mil sept cent septante huit et que tous ouvrages effectués par les Maîtres de la Cosette à balles étoient censés et devoient être considérés comme faits

par ledit remontrant sur pied du contrat rappellé en date du. . . . . . . Il étoit cependant que
ledit Richebé s'étant présenté au sieur Ghislain le vingt quatre juillet dernier, pour qu'il lui accorderoit
de nouveau bail le pouvoir de quester après les veines mentionnées, comme il les lui auroit accordées
antérieurement, il en avoit apprit avec étonnement qu'il les auroit remis par ordre des Dames du chapitre de Sainte-Waudru à N. Hottois demeurant à Élouges tant pour lui que ses consors le jour précédent, qui ne désistoit point depuis lors d'y faire travailler et ce sous les prétextes faux et contraires à
l'avantage public et à l'usage constamment suivi dans le charbonnage du Flénu, qu'ayant négligé d'en
faire la reprise le jour de la saint Jean-Baptiste de cette année et désisté d'y travailler pendant l'année
aux termes des conditions et peines reprises et comminées par ses baulx antérieurs il leur avoit été
libre de les remettre à qui bon leur auroit semblé, tandis qu'on avoit démontré ci-devant et qu'on étoit
en état de vérifier non seulement l'existence de tous les ouvrages faits sur les prédites veines, nomme-
ment depuis deux ans environ. Mais encore qu'il étoit d'usage immuable, au fait de la permission qu'ac-
cordoient les seigneurs d'avoir en terre non extrayé, que quoique semblable faculté ne se concédoit que
pour l'année seulement, on ne privoit pas néanmoins ceux qui l'avoient une fois obtenu du droit de
quester à l'avenir les veines remises, quand même ils auroient négligé pendant plusieurs années de leur
demander le renouvellement de pareil pouvoir, sans qu'au préalable ces obtenteurs auroient été mis en
défaut par avertence et poursuite judiciaire par lesdits seigneurs ou leurs préposés, soit de ce chef, ou
parceque ceux-là auroient été défaillants de faire des ouvrages relatifs à l'exploitation des veines remises.
Or il étoit certain qu'outre que les Dames du chapitre de Sainte-Waudru n'avoient jamais eu matière de
se plaindre avec fondement de la négligence du dit Richebé ou de ses représentans pour ce qui con-
cernoit les ouvrages, notamment depuis les dernières années, ou qu'il auroit suffit à tout événement que
sa machine à feu auroit été continuellement en activité pendant icelles. C'étoit qu'elles n'auroient osé
proposer avec vérité qu'elles lui auroient fait faire quelque notification ou avertence à cet égard, non
plus que de l'avoir mis en demeure par semblable voie, encore moins judiciairement, de leur demander
le pouvoir de quester pendant la présente année après les veines qui lui auroient été remises es années
antérieures, à laquelle obligation néanmoins elles pouvoient d'autant moins se soustraire au cas présent, qu'on étoit informé d'une part que le surnommé Philippe Candelée leur regard étant venu demander
à Jacques-Philippe Le Roy bourgeois de cette ville, de la part du sieur Ghislain s'il auroit voulu con-
sentir à ce que les veines des grand et petit Gaillez, de la Plate veine et Soumilliarte, qu'il auroit repris
de celui-ci, seroient remises au sr Richebé, ledit Le Roy auroit répondu audit Candelée qu'il auroit bien
voulu qu'on les lui remettroit, pris égard que ces veines se trouvant parmi celles que tenoit ledit
Richebé, elles lui conviendroient d'avantage, à quoi ledit regard auroit répliqué que le sr Ghislain avoit
exigé au surplus qu'il auroit donné son déport par écrit. Comme Le Roy avoit effectivement fait et avoit
mis lui-même son abandon es mains du sieur Ghislain et qu'on étoit certiové d'autre côté que ces Dames
remettoient quand bon leur sembloit le pouvoir de quester après leurs veines, quoique l'année du bail
auroit été écoulée, comme il étoit arrivé encore récemment dans deux occasions. La première vis-à-vis
du remontrant, dont le dernier bail étoit fini le vingt-quatre juin mil sept cent septante-sept, et à qui elles

avoient rendu par autre concession du vingt janvier mil sept cent septante-huit, les veines qu'il auroit tenu précédemment pour une année seulement commencée à la saint Jean-Baptiste mil sept cent septante-sept et à finir à pareil jour de la présente année, la seconde occasion qui prouvoit le dernier fait ci-dessus posé, regardoit les Maîtres de la Cosette à balles, dont le bail n'avoit été renouvellé que dans le commencement de ce mois d'août, tandis que leur année avoit été finie ledit jour vingt quatre juin mil sept cent septante, ce qui démontroit invinciblement que ledit Richebé n'auroit cause ni matière de craindre qu'on avoit rendu à d'autres le pouvoir de quester après les veines qu'il tenoit depuis si long-tems, au moins sans avertence ou notification préalable. Mais comme celui-ci ne pouvoit pas être la victime des procédés incertains desdites Dames concernant la remise de leurs veines par bail, ni des dépenses considérables qu'il avoit exposé jusqu'ici inutilement, tant pour la construction de sa machine à feu, qu'à cause des ouvrages d'importance qu'il avoit fait faire pour leur profit particulier et l'avantage du commerce, lesquels procédés tendoient d'ailleurs directement à ruiner ceux qui auroient bien voulu entreprendre de faire fructifier leur charbonnage à enrichir au contraire d'autres qu'elles auroient désiré favoriser au préjudice et détriment des premiers, enfin à troubler la tranquilité de tout ce pays et particulièrement du canton habité par ceux qui étoient destinés par naissance à exploiter veines, tout quoi estoit certainement opposé à la justice, à l'usage et au bon ordre. Pourquoi le remontrant s'adressoit à cette Cour Souveraine suppliant très humblement de déclarer qu'il n'avoit pas été permis aux Dames du chapitre de Sainte-Waudru de cette ville de remettre par bail audit Hottois et consors, comme elles avoient fait par le moyen de leur receveur Ghislain depuis un mois environ, les veines qu'il avoit tenu d'elles précédemment, sans avertence, même poursuite judiciaire préalable, en conséquence les condamner et faire contraindre à les lui rendre de nouveau bail, pour ainsi continuer chaque année à l'avenir, ou au moins jusqu'à ce qu'il auroit notifié par écrit l'intention qu'il pourroit avoir de ne plus reprendre les prédites veines ou partie d'icelles, ou qu'elles l'auroient mis judiciairement en défaut soit d'y travailler, soit d'en venir faire la reprise, condamner au surplus et contraindre N. Hottois et consors à ainsi le souffrir et permettre, leur interdisant de continuer tous ouvrages et exploitations sur les veines remises antérieurement au dit Richebé, qui étoit en possession depuis plus d'an et jour de quester après, dans laquelle possession il avoit été troublé par leur espèce de voie de fait, sur communication que ce seroit l'interdiction requise préallablement accordée pour y dire contre au rôle à tiers jours de l'insinuation péremptoirement, demandant dépens, dommages et intérêts, avec l'autorisation du premier sergent d'office requis aux exploits d'insinuations à faire audit N. Hottois, et de pratiquer celles qui concernoient les Dames du chapitre de Sainte-Waudru à l'avocat Blareau leur conseil.

Sur laquelle requête avoit été ordonné par apostille de la communiquer, à partie pour y répondre au rôle à tiers jours de l'insinuation péremptoirement, surséant de disposer sur l'interdiction requise jusques réponse vue, autrement soit disposé, autorisant aux insinuations et de faire les significations à l'avocat Blareau pour les Chanoinesses de Sainte Waudru. Lesquelles ayant été duement faites; les Dames de l'illustre chapitre de Sainte Waudru prenant les fait et cause de N. Hottois et consors étoient venues en cause et avoient servi réponse à la journée du quatorze octobre mil sept cent soixante-dix-huit par laquelle elles disoient : que depuis qu'il avoit plu au demandeur de transmigrer de son Pays vers celui du Hainau, presque tous ceux qui avoient eu des relations avec lui, avoient essuié des contradictions, des disgrâces, l'expérience ayant confirmé que tel avoit été leur sort, le chapitre de Sainte Waudru ne s'étoit pas flatté de mériter une exception, il se voyoit à regrès dans l'obligation de maintenir le pouvoir le plus légitime duquel on vouloit lui contester l'exercice. Qu'étoit-il donc le demandeur pour motiver cette étrange prétention ? Etoit-ce un propriétaire dont on envahissoit les fonds, ou un fermier dont on troubloit la jouissance, il n'étoit ni l'un ni l'autre car il n'existoit aucun titre en sa faveur sur pied duquel il pourroit s'attribuer quelque qualité. Afin de mettre au jour la vérité qu'il cherchoit d'obscurcir et qui devoit servir de base à la décision de la question, il étoit à propos d'entrer dans certain détail et de suivre sa marche. La machine à feu de produit qu'il convenoit d'avoir construit ensuite de contrat du vingt-trois août mil sept cent soixante-cinq, avec les maîtres du charbonnage de ce nom, n'avoit jamais été destinée à l'exploitation des veines du territoire du chapitre ; en mil sept cent soixante-cinq date de son érection les treize à quatorze corps des veines du même chapitre n'avoient été affermés ni à lui ni à qui que ce fut, s'il doutoit de cette vérité on lui administreroit la preuve. Il avoit soin de taire qu'à cette époque les charbonniers avec lesquels il avoit contracté auroient épuisé sur les territoires voisins jusqu'à certaine profondeur la houille qui s'y trouveroit. Que pour en continuer l'extraction sur les jurisdictions de Sa Majesté et de Saint-Ghislain, une machine à feu auroit été nécessaire.

Bref tous les baux du chapitre mettroient en évidence que le prétendu usage et l'avertence qu'il invoquoit à son secours n'étoient qu'une chimère, ils portoient sans distinction les conditions suivantes, savoir : Que le preneur seroit obligé sur peine de privation à faire les ouvrages qui conduisoient à une exploitation rééle et fructifiante des veines lui cédées et ce tout promptement et sans discontinuation. De plus, qu'en cas de manquement le receveur pouvoit reprendre le tout au profit du Chapitre pour le rendre à autrui, sans égard à l'état des ouvrages et sans être tenu de rendre au preneur ni dépens ni intérêts, ni même lui faire sommation ou avertence au préalable ; qu'enfin il ne pourroit vendre, donner, transmuer sa part, portion ni partie d'icelle à personne sans l'aveu et consentement du dit receveur. Chacun de ces baux n'étoit fait que pour une année, le dernier concernant le demandeur qui comme les autres étoit expiré le vingt-quatre juin mil sept cent septante-huit, étoit sans exception identique à tous ceux qui l'avoient précédé, puisque la correspondance des obligations y étoit renfermée par ces mots ; à quoi il a « promis de satisfaire comme de garder les conditions couchées au registre penultieme fol. 1 « et suivans du bail des Maîtres du renom, lui lues. » Richebé prenneur depuis plusieurs années, n'avoit jusques ici fait ni dépense ni diligence quelconque pour se mettre en devoir de remplir ses obligations, car la machine à feu dite de produit et les prétendus travaux qu'il étaloit n'étoient qu'un fantôme relativement à l'exploitation des veines du chapitre, l'on pouvoit même dire qu'il ne les donnoit en objet qu'à dessein de se maintenir dans son marché au prétexte que la peine comminée de privation devoit être décrétée par le juge. Tandis que ce n'en étoit pas ici le cas, par la raison que la remise des dites veines aux conditions sus rappelées ne lui avoit jamais été faite à diverses reprises que pour un an seulement, et comme son dernier terme avoit été écoulé au vingt-quatre juin dernier, il suivoit bien décidément que dès lors il n'avoit plus eu en sa faveur aucune qualité, aucun titre valable pour la durée ou continuation de pouvoir de quester après les mêmes veines, dont de son aveu il avoit négligé de solliciter un nouveau bail dans le tems opportun. Conséquemment il avoit été libre au chapitre de contracter ainsi qu'il avoit fait au moyen de son receveur avec le nommé Hottois et compagnie pour la remise des dites veines, sur tout sachant que le demandeur n'auroit pour lui aucun ouvrage aucune avance des dépenses, et que ses vues n'auroient été autres que de tenir en échec ces mêmes veines, pour obliger tout entrepreneur qui auroit voulu les exploiter à dépendre de lui. Pour ces raisons et autres infiniment supérieures à suppléer par la Cour de ses profondes lumières que les Dames du chapitre de Sainte Waudru imploroient, elles avoient tout lieu d'espérer qu'Ambroise-Joseph Richebé seroit debouté à ses fins et conclusions et condamné aux dépens. A quoi elles concluoient par la présente écriture de réponse en forme ordinaire.

Contre laquelle écriture le dit Ambroise-Joseph Richebé à la journée du six mars mil sept cent soixante dix-neuf avoit servi répliques disant qu'il sembloit d'être réservé aux Dames du chapitre de Sainte Waudru ou à leur Conseil d'avoir des idées neuves, car jusques ici personne dans ce pays ne se seroit imaginé de former un reproche à un particulier d'être venu s'y établir par suite d'un mariage de convenance qu'il y contractoit et en conséquence d'un établissement de commerce qu'il se procuroit. Quantité de lois sages que notra Souveraine faisoit émaner, tendoient à augmenter le nombre d'habitans et de bras.

. . . .

A la vérité Richebée n'estoit point allé reprendre le droit de quetter après les dites veines avant d'avoir commencé la construction de sa machine à feu, un motif d'économie l'avoit engagé à ce délai. Il savoit que pour chaque corps de veine chacun officier du Bureau du Chapitre retiroit son tantième, ces droits se renouvelloient tous les ans. Lorsqu'on reprenoit le droit de quetter après certain nombre de veines le total des frais se montoit bientôt à deux ou trois cents livres. Richebée par économie avoit bien aimé d'éviter cette dépense pour le terme d'un an en quoi il n'avoit pas de crime.

. . . .

En vain les Dames avançoient par leur écriture de réponse que le bail qu'elles avoient passé au profit dudit Richebée ne l'avoit été que pour le terme d'un an pour de là inférer que d'abord après le terme de l'année expiré, elles avoient été maîtresses de remettre ces veines à qui il leur auroit plu. A quoi on leur répondoit que la nature de l'ouvrage et l'avantage du commerce qui formoit un moïen de bien publique résistoit à la prétention des Dames du Chapitre. Lorsqu'on avoit pris le charbon à la profondeur de dix à douze toises, on convenoit que les baulx pourroient se faire à terme, parce qu'en peu de tems et sans grande dépense, on parviendroit à exploiter le charbon. Il y avoit quatre siècles que l'Abbaye de Saint Ghislain dont le charbonnage sur Hornu, Wasmes, Dour et autres endroits, formoit un objet bien plus considérable que le charbonnage du Chapitre de Sainte Waudru affermoit le droit d'exploiter le charbon pour trois, six, neuf ou douze ans, ce dernier terme avoit été alors le plus long. Il y avoit trois cent cinquante ans que cette abbaye avoit commencé de prolonger ce terme jusques à trente-six ans, parce qu'alors on avoit déjà commencé à devoir exposer certaines dépenses pour parvenir à l'exploitation.

Dans les siècles suivans on n'avoit plus déterminé de terme dans les baulx, à cause de la durée des ouvrages et des fortes dépenses qu'il falloit exposer avant que de parvenir à l'exploitation du charbon. Si donc le chapitre de Sainte Waudru avoit continué de renouveller les baulx chaque année ce ne pouvoit être que pour conserver à leurs officiers les émolumens attachés d'ancienneté à chaque renouvellement de bail, et nullement pour priver les fermiers quand il leur plairoit, après le terme de l'année révolu, puisqu'il arrivoit quasi toujours que les ouvrages qu'on entreprennoit pour parvenir à l'exploitation du charbon ne pouvoient pas être terminés dans le terme d'un an, pas même dans le terme de deux ans, d'où il résultoit que si les Dames du Chapitre de Sainte Waudru auroient pu ainsi priver les fermiers après le terme d'un bail révolu, ou pour le défaut de s'être présenté avant la fin dudit terme et sans avoir fait sommation au préalable, elles auroient pu impunément ruiner la généralité des charbonniers, qui souvent avoient travaillé pendant plusieurs années sans avoir pu rien recupérer du chef des dépenses considérables qu'ils auroient exposé, elles auroient pu particulièrement occasionner cette ruine, lorsqu'il s'agissoit d'une construction de machine à feu.

.   .   .   .

L'importance de la dépense et le bien être du commerce exigeoient donc que lorsqu'un bail étoit passé il devoit durer jusques à ce que les locataires trouvoient bon de le maintenir, ou jusques à ce qu'ils avoient été interpellés de travailler et qu'ils étoient demeurés en demeure de le faire tel étant l'usage dans tout le charbonnage soit sur la jurisdiction de Sa Majesté, de l'Abbaye de Saint Ghislain et ailleurs.

IV.

26 JANVIER 1426.

LETTRES PAR LESQUELLES LE CHAPITRE DE SAINTE-WAUDRU ACCORDE

A GÉRARD DE LADERIÈRE ET A SES TROIS ASSOCIÉS

LE BAIL DU CHARBONNAGE DE CUESMES. 26 JANVIER 1427. (N. ST.)

Nous Jehans li Leus, Andrius Puce, Colars de le Court, Hellins Coispiauls, Jehans li Rois, maistres Jehans Druelins et Lambiers Pauniés, hommes de fief à très-hault et poissant prince no très chier et redoubté signeur le ducq de Braibant et de Limbourg, conte de Haynnau et de Hollande, faisons savoir à tous que, par-devant nous qui pour chou spécialment y fûmes appiellet comme homme de fief à no dit chier signeur le comte, Se comparurent personnelment Gérars de Laderière, natif dou pays de Liége, Ernaux Griffons et Colars Lambiers, ad ce jour demorant à Mons, et là-endroit disent et remonstrèrent que, pour cause de une marchandise de carbenage que fait avoient à nobles et vénérables les personnes dou cappitle de l'église medame Sainte-Waudrut de Mons, ils avoient euvt et recheut des dictes personnes unes lettrez saines et enthires séellées dou séel de le dicte église, lesquelles nous veysmes et oysmes lire et contenoient de mot à mot le teneur qui sensiult : A tous chiaulx qui ces présentez lettrez veront u oront, nous les personnes dou capitle de l'église me dame Sainte-Waudrut de Mons, salut et congnissance de vérité. Savoir faisons que, par boin et diligent conseil sour chou pris et euvt, nous advons accordet et accordons à Gérart de Laderière, natif dou pays de Liége, Ernaut Griffon et Colart Lambiert, tout demorant ad ce jour en le ville de Mons, que yauls et leur hoir puissent de carbenage ouvrer u faire ouvrer desous nous en nostre justice et signourie que nous advons et avoir poons et devons ou[1] jugement de no ville de Cuesmes, en le fourme et manière que chi-après sensuit : c'est assavoir que li dit marchant et leur hoir doivent faire un boin conduit et escorre à leur frais et despens et ycelui mener et poursuiwir à juste linial par dit et rewart de ouvriers à ce commis de par nous, entendut en chou que se le dicte escorre convenoit passer hors de no dicte justice et signourie, lidit marchant doivent et deveront faire et acquere l'iretage et passage dou tout à leur frais et despens. — Item, doivent et deveront lidit ouvrier le dit conduit et escorre poursuiwir et ossi le dit ouvrage en toute no dite justice et signourie de tout chou que li dite escorre polra escorer et délivrer par dit et rewart de nos dis commis et ouvriers à ce congnissans, sans ce que li dit marchant puissent ouvrer desous point de le dite escorre, se ce n'est par no gret et accort, sans maise occquison ; et doivent et deveront ouvrer ou faire ouvrer toutes les

1. *Ou*, pour au.

vaines, vainettes et fillés ayans trois paumes et demie et en-deseure qu'il trouveront, et cachier bien et loyaument à nostre pourfit, sans ycelles lessier derière et avoecq les cambres et bowettes qui esquéront en ce dit ouvrage, doivent et deveront tenir netes et descombrées, si et par tel voie que li dis conduis n'en puist avoir aucun empêchement, et adiés par le dit·rewart de no dis commis et d'ouvriers à ce congnissans. Esquels ouvrages quant li dit marchant aront le vaine ou vaines colpée, poront et deveront ouvrer à deux pils à cascune vaine se li ouvrages la donne ou à plus s'il nous plaist et non aultrement, et ossi le dit liniel faire plus magre, et tout par le dit et rewart de nos dis commis, parmy rendant à nous et à no dite église de tout chou de carbon soit gros, deliet ou cochés qui ystera desdis ouvrages le quart vaissiel, à tel mesure qu'il le liveront as marchans à cui il venderont, et pareillement de tous les vendages qui se feront as estragnes harnas ou à quelconques personne que ce soit qui point n'iront au rivage, nous et no dite église devons et deverons avoir le quart denier, moyenant ce que nous liverons no portion doudit carbon sans maise ocquison, et de ce li dit marchant toutes fois que requis en seront deveront faire et rendre boin et juste compte à nous ou à celui ou ceux qui commis y seront de par nous. Et s'il advenoit que lidit marchant, leur hoir ou ayant-cause cessaissent de ouvrer oudit ouvrage le terme de deux mois en routte, nous y poons et porons mettre ouvriers pour y ouvrer à no volenté, s'ensí n'est que li atargemens se fesist par no gret ou par deffaute de lumière, par force d'iauwes sourmontées ou par gherres estans ou pays de Haynnau, et moyenant ce, nous ne no dite église ne poons ne devons ès dis ouvrages mettre aultres ouvriers, tant et si longement que li dit marchant, leur hoir ou ayant-cause volront le dit ouvrage cachier après le dite escorre, et parmy tant ossy se li dit ouvrier, leur dit hoir ou ayant-cause leissoient le dit ouvrage, par coy à leur deffaute il nous y convenist mettre aultres ouvriers ensi que faire poriens comme dit est, et il advenist que en ce nous et no dite église presist aucun damaige, nous porons et deverons ycelui damage et lez couls et frais en ce poursuiwant, recachier, demander et avoir asdis marchans, à leur hoirs et à cascun pour le tout, par dit d'ouvriers à ce congnissans, sans maise ocquison. — Item, est accordet de nous et des dis marchans que quelconques personne ne se puet, ne polra aidier doudit conduit et escorre fait et à faire, se[1] ce n'est par le gret et consentement de nous et de no dite église et ossi des dis marchans, de leur hoirs u[2] aiant cause conjointe-ment ensamble, et non autrement. — Item, doivent et deveront li dit marchant payer et restituer sans no frait, les damages que il feront pour les fosses nécessaires as dis ouvrages, et pareillement tous les damages de cariages et tous les terys raplayer et les fosses remplir sans empêchier le dit conduit. Entendut que se nous faisièmes nouvelles voies pour cariages ou li dit marchant n'euwissent point caryet et que point n'y kariaissent ne feyssent caryer, nous seriesmes tenues de restituer le damage que y feriesmes sans le frait des dis marchans, car, s'il y kérioient, il nous en deveroient acquitter ensi que dit est dessus. Toute lequelle marchandise as devises deseure dites et cascune d'elles de point en point tout ossi avant et en le fourme et manière que dit est dessus, Nous, les personnes de le dite église pro-

1. *Se* pour si.
2. *U* pour ou.

metons et advons enconvent loyalment et en boine foy, as devant dis marchans, à leur hoirs et aiant-cause à conduire, warandir, faire tenir et porter paisiule à tousiours, et ad ce convenenchons et obligons-nous et les biens de no dite église présens et advenir, par le tiesmoing de ces lettres asquelles nous advons fait mettre et appendre le séel de no dite église, en certification de vérité, qui furent faites et données en no plain capitle, l'an de grasce mil quattre cens et vint-sys, ou mois de jenvier [1]. Apriès lesquelles lettres ensi veuwes et liutes que dit est, li troy marchant dessus nommet, de leur boines volentés, nient constraint, disent et congneurent que il et cascun diaux pour le tout, avoient pris et prendoient le dite marchandise pour yaux et leur hoirs ou ayant-cause tout ensi et par le manière que dit et deviset est ès lettres chi-dessus contenues et déclarées, as personnes de le dite église me dame Sainte-Waudrut, sur tel fourme que li dis Gérars, pour lui et pour sen hoir à tous jours, doit avoir en le dite marchandise un quart et demy, li dis Ernauls otant et li dis Colars Lambiers l'autre quart. Et adfin que en ce n'ait par yaux les dis marchans ne par leur hoirs et remanans aucune deffaute, il tout troy ensamble et cascuns pour le tout le promisent et eurent enconvent à tenir et acomplir enthirement de point en point. Et s'il en estoient en deffaute quant et de quoy que ce fust et par celi ocquison les personnes de le dite église u li porteres de ces lettres avoient damage ou faisoient aulcuns couls, frais u despens, comment que ce fust, rendre et restorer leur doient li dit marchant enthirement et ad plain. Et fu li grés, accors et volentés des dis marchans que les personnes de le dite église u li porteres de ces lettres en doinchent[2] et puissent donner à quelconques signeur u justice que mieux leur plairoit sour yaux, les dis marchans sour leur bien, et sour cascun d'iaux pour le tout, autant que li quinds deniers monteroit de tout chou enthirement dont il seroient en deffaute des devises et convenenches chi-dessus déclarées tenir et acomplir enthirement, fust en tout u empartie, pour y ce avoecq les dis couls et frais à requerre et faire avoir et sans ces convens de riens amenrir et en obligièrent quant à tout chou li troy marchant devant nommet yaux-meismes, et cascun diaux pour le tout, leur hoir remanan et tous leur biens meubles et non meubles présents et advenir par tout ù que il soient et poront yestre trouvet. En oultre, jurèrent et retinrent li dit marchant et cascun d'iaulx par leur serment ès mains de nous les dis hommes de fief, que celi obligation et convenenche faisoient à bonne et juste cause, sans fraude et sans voloir leur loyaux créditeurs barter[3] ne eslongier de leur droit. En tiesmoing desquels coses dessus dites, nous, li dit homme de fief en advons ces présentes lettres séellées de nos seyaux. Desquelles lettres sont faites quattre d'une meisme teneur pour le dite église avoir une et cascun des dis marchans ossi avoir une, pour tant que ensi le requisent. Che fu fait à Mons, l'an de grasce mil quattre cens et vint-sys, le vint-sysyme jour dou mois de jenvier.

(Orig. sur parchemin qui était muni de sept sceaux.
— Archives de l'État, à Mons, chapitre de Sainte-Waudru.)

1. Janvier 1427 (n. st.)
2. *Doinchent* pour donnent.
3. *Barter,* frauder.

V.

19 JANVIER 1778. — CONTRAT D'HORNU.

Par devant les hommes de fiefs du pays et comté d'Hainaut soussignés, comparurent personnellement le sieur Godonnesche de résidence à Valenciennes, Ignace Dubuisson censier de résidence au petit Hornu, et Nicolas Colmant de résidence à Warquignies, lesquels ont représenté à Monsieur Dom Amand de Cazier abbé de l'abbaye de Saint-Ghislain, et à Dom Emilian Haynaut religieux et intendant du charbonnage de ladite abbaye de Saint-Ghislain, qu'ils avoient formé entre eux une société à l'effet d'exploiter et tirer charbon, pourquoi ils requeroient la permission des pouvoirs exploiter, sur la seigneurie d'Hornu, à quoi mes dits sieurs abbé et intendant au dit charbonnage, considérant les biens publiques ont bien voulu accorder tous les devises et conditions suivantes, auxquelles les dits associés sont convenus de se conformer.

ARTICLE 1er.

Que les dits entrepreneurs et associés pourront exploiter et travailler les corps de veines à charbon qui se rencontreront sous le jugement des villages d'Hornu, Wasmes et Wasmuël depuis celles rendues au sieur Durieu, où représentant du côté du Midi, jusqu'à l'extrémité du dit Hornu, du côté du Nord, depuis la seignorie de Quaregnon, jusqu'à celle de Boussu à charge par eux de laisser neuf toises de charbon pour eponce et faire la séparation des seignorie des dits Quaregnon et Boussu.

ARTICLE 2me.

Que les dits entrepreneurs seront obligés de travailler incessamment à découvrir les dites veines de charbon en y fesant construire à leurs fraix, les fosses nécessaires, et ainsi continuer sans interruption et le cas arrivant que les dits entrepreneurs seroient en destant de faire exploiter les dits corps de veines en bonne règle, et qu'ils seroient sans y travailler, il sera permis aux dits sieurs abbé et religieux de Saint-Ghislain, de remettre les dits corps de veine à d'autres entrepreneurs ou charbonniers en tel état qu'ils seront trouvés lors, sans qu'ils soient obligés de rendre aucuns dépens n'y intérêt, non pas même tenu de leur faire sommation au préalable.

ARTICLE 3ᵐᵉ.

Que les dits entrepreneurs ne pourront travailler ny bouveler plus avant, qu'il n'est icy exprimés sans en avoir obtenu auparavant une nouvelle permission du dit intendant, à peine d'être tenus aux refournissements de tous intérêts et de privation de tous les avantages leurs accordés par la présente.

ARTICLE 4ᵐᵉ.

Que pour travailler les dites veines, ils devront faire leur fosse et faire passer leur chasse sans pouvoir passer sous l'église, maison pastoral ny édifices di ceux à peine de correction et de payer toute retation dépense et intérêt sans que la seignorie en soit aucunement intéressée ni recherchée.

ARTICLE 5ᵐᵉ.

Que les dits entrepreneurs ne pourront causer ni faire aucun préjudice aux fosses, veines et conduits voisines, à peine d'en payer tous dommages et intérêts et d'être obligés à la réparation qu'il conviendra, le tout aux fraix des dits entrepreneurs, sans que la seignorie dusse leur garantir en aucune chose, à l'égard de la défense cy dessus.

ARTICLE 6ᵐᵉ.

Que les ouvrages étant parvenu, à tirer charbon, les entrepreneurs seront obligés à mettre plusieurs traits soit par machine ou autrement, et même se procurer excore nécessaire pour exploiter les eaux soit par machine à feu, s'il en est requis, laquelle sera construite à leur frais et dépens de la grandeur et profondeur à juger et trouver convenable par cinq experts à choisir savoir, deux par les dits entrepreneurs et trois par la dite abbaye ou à dénommer d'office. Il en saura de même pour l'emplacement de la dite machine à feu, comme est dit article 2ᵉ que si les dits entrepreneurs étoient en défaut d'exploiter les dites veines, on règle du charbonnage, en ce cas la dite seignorie rentreroit en toutes ces actions et pouvoit remettre les dits corps de veines à d'autres entrepreneurs en tel état qu'ils seroient trouvés lors. La dite machine à feu, s'il en est besoin, étant rendu à sa perfection, elle restera en propriété aux dits entrepreneurs parmi par eux l'entretenir à leurs frais, pour excore les eaux suffisamment au dire d'experts, comme est dit cy devant, et les nouveaux entrepreneurs seront obligés de payer aux propriétaires de la dite machine à feu, tels deniers ou paniers que conviendra comme aux autres machines.

ARTICLE 7ᵐᵉ.

Les dits entrepreneurs payeront annuellement pour droit de cens 24 livres pour chaque corps de veine qu'ils exploiteront chaque annnée à commencer sitôt qu'ils tireront charbon et ainsi continuer de payer chaque année jusqu'au jour qu'ils en feront leur abandon.

ARTICLE 8me.

Les dits entrepreneurs payeront à l'abbaye pour droit d'entre cens es mains du dit intendant le cinquantième denier ou panier de tous charbon qu'ils tireront tant gros que menu sans aucune exception, excepté le charbon qu'il se consommera pour la machine à feu et les huttes des charbonniers.

ARTICLE 9me.

Les dits entrepreneurs feront tenir une note fidèle et sincère de toutes marchandises qu'ils se débiteront tant aux marchands qu'à la campagne, et en fesant un juste rapport à leur teneur de livre lequel devra chaque semaine en faire compte au susdit intendant, et lui payer toute testoire. Le montant du dit entrecens si le susdit intendant le trouve ainsi convenir.

ARTICLE 10me.

Qu'il sera permis aux dits sieurs abbé et religioux do Saint-Ghislain de prendre autant de charbon à leur dite fosse ou machine qu'ils en auront besoin au plus bas prix du marchand et même sera permis aux officiers de la maison de l'abbaye et leur apendance et dépendance en les payant au prix du marchand.

ARTICLE 11me.

Que les dits entrepreneurs payeront tous droits de visitation ordinaire et extraordinaire aussitôt qu'ils seront échus à raison de six livres par chaque visite au sieur intendant et aux deux regards chaqu'un quinze patards aussi à chaque visite et de plus payer aux dits regards chaqu'un deux écus par année et toutes les semaines chacune hotte de charbon à chaque trait tirant.

ARTICLE 12me.

De plus les dits entrepreneurs seront tenus à payer seize patards de chaque querques que les tourneurs tourneront en monchaux, et à la campagne ils ne seront payé du dit droit de seize patards, mais recevront un patard au muids de l'étranger qu'ils chargeront. Les dits tourneurs seront obligés à la longueur et hauteur comme règles et coutumes et si aucun tourneur est accusé et prouvé d'avoir contrevenu à cet article, il sera d'abord cassé.

ARTICLE 13me.

Que les entrepreneurs seront obligés de payer tous dommages qu'ils occuperont aux propriétaires que les parties endommagées appartiendront de même devront lors de l'abandon de leur dite fosse ou machine raplanir et remettre en état le dit dommage, de plus seront obligés de remplir leur fosse présent les dits regards, lorsqu'elles seront à digues et faire transporter tous terit restant, tellement que la dite seignorie n'en soit aucunement chargée ny intéressée.

ARTICLE 14me.

Les dits entrepreneurs seront tenus et obligés lorsque les corps de veines seront coupés et mise en état d'avoir plusieurs traits soit par machine à moulettes, ou d'autres traits à bras, suivant qu'il sera nécessaire à proportion du débit et que les corps de veines seront trouvés et jugés qu'ainsi conviendra à se référer au dire et jugement des regards sermentés par la dite abbaye sans aucune forme de procès d'une part ny d'autre.

ARTICLE 15me.

Les dits entrepreneurs demandent sous le bon plaisir et agréation des sieurs abbé et religieux de Saint-Ghislain d'avoir un tourneur du village d'Hornu, afin que les chariots venant de l'étranger ne soient point obligés d'attendre pour être chargés, que le dit tourneur sera mis de la part de la dite abbaye, pour enregistrer tout charbon qui se débiteront pour faire les deniers bon, tant pour la dite abbaye, que pour les dits entrepreneurs, bien entendu qu'il soit homme de bonne meurs et de bonne foy à quoi il sera pourvu ainsi que l'équité et le bien être des parties contractantes le requièrent.

ARTICLE 16me.

Finalement et en cas de contestation en fait des usages et coutumes du charbonnage, pour éviter la longueur et lenteur des procédures, on se conformera ainsi qu'aux autres machines de la seignorie des dits sieurs abbé et religieux de Saint-Ghislain, sans aucune forme de procès comme dit est cy devant, on se conformera au dire des regards ou des experts qu'on dénommera avec les dits regards lesquels ayant fait et déclarés ce qu'ils jugeront des mieux convenir on si tiendra, et cela pour éviter les ouvrages des autres sociétés voisines qui dans leurs travaux ont nécessité des plaidoyers auxquels ils se ruinent et causent l'intérêt public le leur particulièrement, lesquels nous éviterons et nous tiendrons aux opérations des dits regards et des anciens experts lorsqu'il en sera requis.

A tous quoy les parties s'est sont obligées d'observer et remplir toutes devises et conditions cy-dessus principalement d'éviter toutes sortes de procédures et de remplir toutes charges du présent contrat, à la meilleure et bonne foy qu'il sera possible et nous référer comme dit est, aux dire et raport des regards surmontés par la dite abbaye adjoint d'experts quand il en saura requis, le tout sur 20 sols de peine. Le crand renférée sur 10 sols clause expliquée et donnée à connaître, faisant serment que le présent contrat ils font et connoissent à bonne et juste cause, léallement et sans fraude et non pour aucun de leurs léaux créditeurs ni autres vouloir frauder, ny éloigner de son droit, ainsi fait et passé en la dite abbaye de Saint-Ghislain présent les dits féodaux soussignés pour ce requis et appelés ce 19 janvier mil sept cent soixante dix huit. Sont signés :

D. Amand abbé, D. Emilian Haynaut, Godonnesche, Ignace Dubuisson du Bosqueau, Nicolas Colmant, H.-J. Abrassart et Hanicq, féodaux.

Concorde de mot à autre à son original administré et retiré par M. Dom P^hte Jeronnez religieux, procureur et intendant du charbonnage de l'abbaye de Saint-Ghislain suivant collation en faite par le soussigné greffier de la ville de Saint-Ghislain ce 21 juillet 1785. (Signé) Lyhowart.

(Signé) Dom PHILIPPE JERONNEZ, 1785.

Colationné par nous conseiller Kovahl comis au rôle, et greffier Maugis et trouvé conforme à l'original administré et retiré par le soussigné, Mons ce dix-huit décembre 1785.

(Signé) KOVAHL, MAUGIS, GODONNESCHE.

VI.

30 JUIN 1764. — CONTRAT DE LA CONCESSION DU GRAND TAS.

Par-devant les hommes de fief de la cour et Comté d'Haynaut soussignés, comparurent personnellement Dom Amand de Casier, abbé de St-Ghislain et Dom Emilian d'Haynau, receveur du charbonnage de la dite abbaye, lesquels accordent et cèdent à Monsieur De Grouffe, seigneur de Warquignies, à M. Delamotte et ses associés, les veines et ouvrages de l'Auvergies et toutes ses dépendances de Moriau, de la Grande-Veine et de la Pouilleuse qui font quatre grands corps de veine, leur accordant et cédant depuis la rocque de l'Auvergies jusqu'au mur de la Pouilleuse, pour afin que personne ne puisse leur nuire, ni les troubler dans leurs ouvrages et société ; les dits sieurs De Grouffe et Lamotte connurent avoir accepté pour eux, leur société et leurs hoirs le droit de faire tirer ou extraire le charbon des corps de veine ci-dessus déclarés sous les conditions suivantes :

1° La dite société ne pourra laisser bouveler d'autres veines que celles qui sont accordées et nommées sans en avoir obtenu la permission de M. l'abbé ou du receveur sous peine de privation du présent accord.

2° La dite société ne pourra laisser porter préjudice aux fosses, veines et conduits voisins à peine de payer tout dommage et intérêts, devront en outre faire travailler leurs veines ci-dessus accordées comme il a été pratiqué de tous temps et seront tenus de s'en tenir au dire et rapport des regards sermentés de la dite Abbaye sans autre forme de justice ou payera douze livres quand on commencera sur St-Ghislain à chaque première fosse de chaque corps de veine pour l'ouverture de terre.

3° La dite société ne pourra non plus faire remplir leurs fosses sans avertir les regards de la dite Abbaye pour voir si elles sont munies de bonnes digues.

4° Les dits sieurs payeront par an 72 livres pour les quatre corps de veine repris dans cet, à raison de dix-huit livres pour chaque corps des dites veines qui se passe tous les ans pour droit de ceux à commencer dès aujourd'hui date de cet, et ainsi continuer d'an à autre à queste ou tirage qu'au temps qu'ils feront abandon de leurs ouvrages et devront donner leur départ en mains du regard des dits corps de veine tiennent sans autre forme de justice.

5° De plus la dite société sera obligée de payer au receveur le cinquantième denier de toutes les espèces de charbon qu'ils tireront tant gros que menu et en devront faire tenir bonne note et bon registre par le teneur du dit registre, à peine que s'il se trouvait quelque défaut M. l'abbé ou le receveur pourra en mettre un aux frais de la société.

6° La susdite société pourra passer et repasser le niveau avec leur machine à feu et extraire le charbon jusqu'à sept toises près du chemin Ste Barbe qui fait l'esponce du côté du Couchant, arrivant à toucher à l'esponce venant de Warquignies à celle de St-Ghislain la dite société sera obligée d'avertir les deux regards de la dite seigneurie pour faire leur visite afin de n'avoir aucune difficulté entre M. l'abbé de St-Ghislain et le sieur De Grouffe : c'est pour faire tourner les tourneurs de St-Ghislain et rentrer les deniers à la dite Abbaye quand même les fosses seraient sur Warquignies.

7° La dite société devra payer tout droit de visite tant ordinaire qu'extraordinaire aussitôt qu'elles seront faites à savoir six livres pour chaque visite au receveur à chaque fosse que l'on tire du charbon et aux regards chacun quinze patards, chacun deux cins par an et chacun une hottée de charbon à chaque fosse que l'on tire du charbon et que si l'on tient des corps de veine sans les travailler on doit payer trois livres au dit receveur de chaque corps de veine et à chacun des regards quinze partards à chaque visite du Noël et St Jean-Baptiste comme il a été convenu que ce dernier droit ne se paiera qu'au tirage.

8° De plus il sera libre aux sieurs abbé et religieux de prendre leur provision de charbon aux dites fosses au prix du marchand.

9° Quand il s'agira de travailler pour tirer les charbons des dites veines et y faire des fosses dans les droits qu'ils trouveront convenir ils devront desintéresser les propriétaires et fermiers des fonds sur lesquels ils travailleront des dommages qu'ils pourraient causer tant par les fosses que par les chemins qu'ils devront pratiquer sans que les sieurs abbé et religieux en souffrent aucun intérêt.

10° La dite société sera obligée de payer au tourneur seize patards à la querque de forge comme droit ordinaire qui se paie sur le fiénu et personne ne pourra mesurer aucune marchandise si non les tourneurs de la dite Abbaye.

11° Le dit sieur De Grouffe et ses associés ont connu et accepté toutes les devises et conditions reprises dans ce présent contrat et ont promis d'y satisfaire à chacun d'icelles, s'obligeant solidairement les uns par les autres et chacun d'eux pour le tout.... la présente obligation est faite à bonne et juste cause.... sans fraude non pour aucun de ses léaux créditeurs ny entrait vouloir frauder ni éloigner de son droit en présence des fédéaux d'Haynau ce 30 juin 1764 étaient (signés) Morne De Rengnies, De Grouffe, Deskelens et Morice Delaniske.

La présente copie concorde à son original de mot en autre suivant collation en faite par les fédéaux d'Haynau soussignés R. Mahieu et R. J. Ninon.

VII.

26 JUIN 1783. — BAIL DE LA GRANDE PUCELLETTE SUR LE FLÉNU & SUR QUAREGNON.

Le Receveur accompagné du Regard sermenté et d'après son avis, a accordé à Jean-François Goffin, tant pour lui que ses consors absents pour lesquels il s'est fait fort, le pouvoir de quester, après la veine et fosses de la Grande Pucellette, sur le Flénu, au rendage de *sept livres* pour la totalité du droit de cens et pour une année seulement, commencée le jour de St Jean-Baptiste dernier, et à finir pareil jour en 1784.

Il a aussi repris et lui fut accordé le même pouvoir de quester après la veine et fosses de Grande Pucellette sur Quaregnon, au rendage de *sept livres*, pour la totalité du droit de cens, pour la même année seulement, à quoi il s'oblige comme aussi, que d'abord, qu'il sera à tirage, il devra avertir le regard et payer l'entre-cens du charbon, qu'il tirera et des forges sur prix de la convention à faire avec le Receveur : le tout aux conditions, qu'il devra travailler, les dites veines, tout prestement, et aussi continuer et poursuivre, sans discontinuation, sur peine de privation, et au cas de manquement, le dit Receveur pourra le tout reprendre, au profit du Chapitre, et rendre les parts des défaillants toutes les fois que bon lui semblera à autres charbonniers, en tel état que les ouvrages seront lors trouvés sans être obligé de lui rendre aucun dépens, dommages et intérêts, ni même lui faire aucune sommation, ni avertence au préalable, outre ce, ne pourra toucher, ni choisir autres veines, que celles déclarées au présent bail, à peine de privation comme dessus : ne pourra porter préjudice, aux fosses veines et conduits voisins en aucune manière, ni donner empêchement aux autres, mais devra travailler les mines ci-dessus, comme de tout temps, a été accoutumé : et ce par dire des regards et ouvriers à ce connaissant ; sur les mêmes veines, que ci-devant, et de restituer tous dommages, selon que par les regards et ouvriers sera jugé ; de plus ne pourra vendre, donner ni transmettre, sa part, partie ou portion d'icelle à personne sans le consentement du Receveur et que le tout soit annoté, au dessous du présent bail sur peine de privation si bon semble : sera tenu payer contribuer, à la semonce du regard, aux frais et dépens de visitations des fosses qui se feront deux fois l'an. Si comme à la Noël et St Jean-Baptiste à l'avenant que les fosses seront taxées par les receveur et regard. Sera aussi tenu payer prestement : savoir au regard, pour sa journée ordinaire, d'être venu à Mons, pour conduire et enseigner les veines à tirage comme de coutume cinq livres douze sols ; au receveur pour ses droits, sept sols de chaque veine. Item mise par écrit du présent bail, salaires d'hommes de fiefs etc., à peine de nullité du présent bail et que le receveur reste en entier, de rendre les ouvrages à autres si bon semble sans avertence au préalable; s'obligeant en outre de payer au Chapitre, soixante sols d'amende au muid de forges qu'il faudra au Chapitre, comme aussi autres soixante sols, pour défaut de remplir les fosses et aplanir les terils, plus de ne pouvoir abandonner, ni de cuveler les ouvrages, sans en avoir averti le regard quinze jours auparavant; à l'enseignement duquel, il devra bien et dûment diguer les fosses, pour empêcher la chûte des eaux, dans les ouvrages du fond, afin de ne pas crèver, et nuire aux conduits, à peine de cent livres d'amende, et outre ce, restituer tous frais et intérêts, au dire des gens, à ce connaissant à ses dépens.

Le contractant s'oblige aussi de livrer par le service du Chapitre, le charbon qui lui sera nécessaire, aux prix et règles des marchands.

Bien expressement stipulé qu'en cas de difficultés, soit pour cause prévue ou non prévue notamment par rapport, à la rencontre, l'étendue ou l'exploitation des veines, le contractant devra les soutenir à l'entière décharge et indemnité du Chapitre sans pouvoir exercer contre lui, aucune action en garantie, sous tel prétexte, que ce soit, avant promis d'en venir passer bail en forme, à la première ordonnance du Chapitre, sous le bon plaisir duquel le présent s'accorde à tout quoi il s'oblige sur dix sols de peine, après lecture a signé, présents féodaux, soussignés, et fait serment qu'il fait le présent bail à bonne et juste cause légalement et sans fraude, non pour aucun de ses léaux créditeurs, ni autrui vouloir frauder, ne personne éloigner de son droit.

(Signés) H. Ghiselain.

J.-F. Goffin, 1783.

P. Lambert.

F.-J. Marin.

F.-J. Laburiau.

Je dois faire remarquer que le dernier paragraphe de ce contrat a été inscrit dans tous les baux du chapitre postérieurs au 24 avril 1776, en vertu d'une résolution des Dames du Chapitre prise à cette date.

VIII.

PRÉAMBULE ET ARTICLES 1er ET 2e

DU BAIL DU CHARBONNAGE DE LA GRANDE VEINE DU BOIS DE SAINT-GHISLAIN.

Par-devant les hommes de fiefs du pays d'Hainaut soussignés, comparurent en personne Pierre Ruelle résident à Dour, Jacques Née résident au Petit-Wasmes, Martin Lerat résident à Dour, Philippe-Joseph Cavenaile résident à Warquignies et consors, lesquels ont représenté à Amand de Cazier abbé de St-Ghislain, à Emilien Hainaut intendant des charbonnages de ladite abbaye de St-Ghislain et aux religieux soussignés représentant le couvent du même lieu, qu'ils étaient intentionnés et fortement disposés d'exploiter les corps de veines depuis le ruisseau du Pont à Cavins, faisant limite au couchant de la seigneurie de Dour, d'avec celle de St-Ghislain et du côté *du Levant jusqu'au chemin Sainte Barbe*, depuis le roc de l'Auvergies au midi, jusqu'au mur de la Pouilleuse au nord qui dit la première veine coupée en mur de la Grande Veine, bien entendu que les rendages voisins ne soient aucunement inquiétés ni intéressés à l'occasion de cette entreprise et de plus que l'abbaye de Saint-Ghislain ne soit jamais recherchée par droit, par justice pour refournir et satisfaire aux dommages et intérêts quelconques qui pourraient en résulter à l'occasion des travaux à effectuer sur ces corps de veines, et ce aux conditions et devises expressément ordonnées dans ce contrat.

1° Les représentants charbonniers représenteront et reproduiront le prétendu contrat passé entr'eux et les regards de cette abbaye le 4 juillet 1778, ainsi que copie et arrières copies d'icelui pour être à l'instant lacérés et brûlés et ainsi faire connaître aux présents et futurs que la seule plénitude de l'administration monastique réside en la personne d'un abbé à ce constitué par l'autorité suprême, et qu'en conséquence, ses officiers qui ne sont que ses représentants et son organe, ne peuvent procéder à la confection d'aucun contrat, sans la connaissance et consentement de leur maître et père abbé à l'effet qu'un instrument fait par eux puisse être valable et ainsi sortir son plein et entier effet, déclarant ici que des regards considérés comme vils serviteurs ne doivent être revêtus d'aucune autorité quelconque et comme minces et faibles sujets non attachés au corps et purement placés et constitués pour accomplir et exécuter les ordres supérieurs de leurs maitres sans rien plus entreprendre, à moins qu'ils ne soient revêtus par des ordres compétents et bien expressifs selon les dispositions du droit.

2° Ce prétendu contrat ainsi aboli et anéanti faute de consentement de mondit sieur abbé, on accorde aux dits représentants charbonniers les veines qui se trouvent dans le bois de Saint-Ghislain, telles que celles de l'Auvergies, le Grand-Moreau, la Grande-Veine et la Pouilleuse avec les intermédiaires s'il s'en trouvent; (le fauret étant excepté) bien entendu que les esponges contigues à la juridiction de Dour serviront de limite vers le Couchant, et vers le Levant ils se borneront aux esponges vers le chemin Sainte Barbe.

CHAPITRE III.

CONCESSIONS HOUILLÈRES.

ORIGINE ET COMPOSITION.

CHAPITRE III.

CONCESSIONS HOUILLÈRES. — ORIGINE ET COMPOSITION.

§ 1er.

Ce chapitre a un double but : celui de faire connaître la composition des concessions actuelles et celui de donner des exemples de la transformation qu'ont subie les concessions primitives.

Les unes se subdivisent, telles sont celles de Richebé (Produits, Belle et Bonne, Rieu-du-Cœur), de Durieu (Grand-Buisson, Hornu et Wasmes, Escouffiaux), etc. D'autres se réunissent comme celles qui composent les charbonnages de l'Agrappe, de Grisœuil, de Crachet, de Pic-query et du Haut-Flénu.

D'une part on subdivise par besoin d'argent, d'autre part on profite de la ruine des anciens exploitants et l'on achète leurs concessions à vil prix.

Voici ce qu'on lit dans un mémoire du commencement du siècle signé par MM. Degorge-Legrand, Nicolas Mahieu et O.-J. Warocqué, comme mandataires des propriétaires exploitant les mines de houille de la province de Hainaut [1].

« Une expérience constante a prouvé que les premiers essais causent la ruine de ceux qui
« s'y livrent. Ceux même qui reprennent les premiers ouvrages abandonnés, se ruinent aussi
« fort souvent; et ce n'est régulièrement que les troisièmes ou quatrièmes épreuves qui réus-
« sissent; encore échouent-elles très souvent, ou si elles obtiennent un succès, il n'est pas de
« durée.

« Si l'histoire de nos exploitations étoit écrite on seroit effrayé de la masse de pertes et de
« ruines qu'elles ont causées. Nous connoissons toutes les entreprises faites dans la province
« du Hainaut, au nombre de cent vingt et plus; nous connoissons leurs galeries d'assèchement,
« et leurs machines à vapeur, au nombre de cinquante-cinq, employées pour l'exhor des eaux.

---

1. Bibliothèque de Mons, volume n° 149.

« Plus de la moitié de ces nombreuses entreprises travaillent encore en perte et achèvent leur
« ruine par la persévérance. Plus de quarante mines de charbon sont ruinées et délaissées pour
« longtemps; et parmi celles qui se maintiennent et font des bénéfices, il reste de douloureux
« souvenirs d'une longue période de pertes continuelles.

« S'il nous est permis d'appliquer cette pensée à une de ces exploitations, qui ont vaincu
« l'adversité à force de sacrifices et de persévérance; la société de Produit, par exemple, nous
« certifions qu'une première compagnie formée en 1775, de plusieurs entrepreneurs assez
« riches, de Mons et des environs, s'est ruinée à plat, ainsi qu'une société secondaire, lesquelles
« s'étaient réunies pour opérer l'exhor à l'aide d'une pompe à feu.

« En 1785, une autre société s'est établie sur les ruines des deux autres, et, quoique éclai-
« rée par leurs essais, elle a enfoui, avec une persévérance qu'on pourrait appeler obstination,
« un capital de plus d'un million de florins pour établir une pompe à feu qui puise actuelle-
« ment les eaux à cent vingt toises et pour creuser plusieurs fosses de la même profondeur.

« Depuis trois ans seulement la mine de Produit a donné aux exploitants actuels, pour la
« première fois, des répartitions qui ne répondent pas à l'intérêt d'un quart du cent des dé-
« penses faites depuis 1775.

« La houillère du Grand-Hornu, sur le bord de la chaussée de Mons à Boussu, ouverte en
« 1780, a absorbé la fortune des premiers entrepreneurs. M. Degorge-Legrand, dirigé par
« d'excellents porions, très appliqué à son charbonnage, et surtout à l'administration, a repris
« les travaux abandonnés. Depuis six ans environ il a employé un capital très considérable, à
« peine commence-t-il à jouir. Ses bénéfices ne couvrent pas encore l'intérêt de ses avances ;
« mais si l'on fait entrer en ligne de compte les capitaux sacrifiés par les premiers entrepreneurs,
« qui n'ont jamais fait une seule répartition, on sera convaincu qu'au Grand-Hornu, comme
« Produit, les bénéfices actuels ne donnent pas l'intérêt d'un quart du cent. »

Je décris d'une façon un peu détaillée l'origine des concessions des Produits, de Belle et
Bonne, du Rieu-du-Cœur, du Haut-Flénu, de l'Agrappe et de Grisœuil, de Crachet-Picquery, de
Bonne-Veine, qui offrent des exemples remarquables de transformation; quant aux autres, j'ai
cru devoir me borner à indiquer brièvement leur composition.

Je prie le lecteur de consulter pour chacune d'elles les cartes de concession, le tableau des
superpositions ainsi que la carte des juridictions anciennes.

§ 2me.

ORIGINE DES CONCESSIONS DES PRODUITS, DE BELLE-ET-BONNE
ET DU RIEU-DU-CŒUR.

C'est vers l'an 1725 que paraît s'être formée la première association de maîtres charbonniers en vue d'exploiter les couches du rendage des Produits. Elle venait d'obtenir les baux annuels de la série des couches depuis la Grande-Béchée jusqu'à la Dure-Veine sur la juridiction de Jemmapes.

En 1765, l'abondance des eaux qui affluaient dans leurs travaux, était telle qu'ils se virent dans l'impossibilité de les continuer sans le secours d'une machine d'exhaure ; ne pouvant en faire la dépense par eux-mêmes, ils s'adressèrent à cet effet aux sieurs Ambroise Richebé, Danneau et consors. Ces derniers, par contrat du 23 août 1765, prirent l'engagement d'approfondir, à leurs frais, un puits de 55 toises et d'y monter une machine pour exhaurer les veines des Produits, moyennant une redevance à charge des maîtres charbonniers et sous condition : « que ceux-ci formeraient trois autres compagnies, auxquelles ils devraient remettre ou vendre, « l'un ou l'autre de leurs *corps de veine*, afin que quatre sociétés pussent en extraire charbon « et mettre ainsi les sieurs Richebé, Danneau et consors dans la position de tirer le plus grand « fruit de leur entreprise ».

Dans le courant de la même année, Ambroise Richebé acquit le quart des 24 actions des maîtres charbonniers des Produits sur Jemmapes, et peu de temps après il obtint en son nom personnel le bail annuel de toute la série des veines des Produits sur Quaregnon dépendant de la juridiction du chapitre de Sainte-Waudru. En 1766, il fit établir la 1re pompe à feu du charbonnage des Produits.

Ce charbonnage se composait donc alors de toute la série des veines depuis la Grande Béchée jusqu'à la Dure-Veine tant sur Jemmapes que sur Quaregnon. Cependant les dépenses considérables qu'exigeaient tous les travaux « n'avaient donné qu'une réussite momentanée et étaient « devenus pour ainsi dire superflues à cause de la grande abondance d'eau qui était venue rem- « plir tout à coup les ouvrages..... » Le besoin d'argent décida alors Richebé et ses associés à céder certaines parties du rendage des Produits.

En 1774, ils abandonnèrent aux maîtres de la Cossette à Balles ou Cossette sur le Roi (ensuite maîtres de Belle-et-Bonne) toutes les couches supérieures au nombre de six jusqu'à la veine Grand-Franois, non comprise.

Environ dix ans après, le 10 novembre 1783, Ambroise Richebé cédait encore à un groupe de charbonniers, qui devait représenter le Rieu-du-Cœur, toutes les couches comprises entre le Grand-Franois et la Dure-Veine en la juridiction de Quaregnon, depuis la limite occidentale de cette commune jusqu'au chemin du Castillon.

Malgré ces cessions, le charbonnage des Produits restait encore un des plus importants puisqu'il comprenait un groupe de 22 couches depuis le Grand-Franois jusqu'à la Dure-Veine : (1°) la juridiction de Jemmapes, y compris l'enclave de 4 hectares dit *Douaire de S*[t]*-Ghislain* [1] ; (2°) sous le fief du Flénu, juridiction du chapitre de Sainte-Waudru; (3°) sous une autre partie de Quaregnon, limitée d'une part au chemin du Castillon depuis l'extrémité Nord-Ouest du fief de Lambrechies jusqu'à l'extrémité Nord de la terre des deux bonniers appartenant aux hospices de Binche ; à partir de ce point, la limite n'était pas clairement définie, mais à la suite des arrêts des cours de Mons et de Bruxelles en date des 18 mars 1826 et 20 mars 1829, il a été spécifié que la limite séparative des deux charbonnages serait continuée suivant une ligne droite tirée, dans la direction du Nord vrai, du coin Nord de la terre des 2 bonniers jusqu'à la rencontre de la limite des territoires de Jemmapes et de Quaregnon.

En 1785 on n'avait encore exploité que les dressants des veines du rendage des Produits et déjà la machine d'exhaure construite en 1765 était insuffisante ; on avait hâte d'atteindre les plateures. Le 3 mars 1785 Richebé forma une nouvelle compagnie à laquelle il céda les 3/4 indivis de ses droits au charbonnage des Produits à la condition que ses nouveaux co-associés érigeraient, à leurs frais, une autre machine d'exhaure capable de tirer les eaux à la profondeur de 110 toises (194 m.)

Quelques années après la formation de cette société, la Révolution dispersa une grande partie des associés ; puis survint la bataille de Jemmapes en 1792; les bâtiments furent détruits et le charbonnage resta inactif jusqu'en 1803. Les actions après avoir passé en différentes mains furent acquises par la maison Colembuen et fils qui devint propriétaire de tout le charbonnage en 1823. Les dépenses excessives que nécessita la mise en activité d'une mine aussi importante forcèrent cette maison à rechercher des associés et c'est, dans ces circonstances, que la Société de commerce (aujourd'hui Société Générale pour favoriser l'industrie et le commerce) prit un fort intérêt dans l'affaire, forma la Société anonyme actuelle constituée en 1835 et assura l'avenir du charbonnage.

---

1. M. Émile Matthieu de Mons possède l'original d'une pièce qui probablement se rapporte au Douaire : « Les Maîtres « de la fosse de Produits fourniront à Pierre-Joseph Vilain cincq muids de forge dont je leur tiendrai compte sur le « droit d'entre-cens qu'ils doivent à l'abbaie de Saint-Ghislain. »

Saint-Ghislain 9 décembre 1768.

D. ÉMILIAN, relig.

La maintenue de la concession du charbonnage des Produits a été accordée par arrêté du 11 novembre 1837 dans une étendue de 1173 hectares 70 ares 80 centiares des communes de Jemmapes et de Quaregnon.

Un arrêté du 19 avril 1869, a donné à la Société une extension de concession de 270 hectares sous partie des communes de Mons et de Ghlin.

Le 7 janvier 1865, la Société des Produits fit l'acquisition du charbonnage d'Ostennes, sous la commune de Jemmapes, lequel comprenait la série des couches intercalées entre la Dure-Veine et la couche Bonne-Veine, celle-ci étant la première du charbonnage de Crachet.

La maintenue lui a été accordée le 2 août 1875.

Le même arrêté a donné comme extension : 1° la concession des couches inférieures à la Dure-Veine sous les 22 hectares de la partie du fief du Flénu qui se trouve sous le territoire de Jemmapes ; 2° la concession de toutes les couches situées en dessous de celles composant l'ancien charbonnage d'Ostennes.

Le tout sous une étendue de 1004 hectares.

Il en résulte donc qu'avec ses extensions le charbonnage des Produits comprend sous Jemmapes, partie de Ghlin et de Mons, toutes les couches de houille depuis le Grand-Franois ; mais sous la partie de Quaregnon déjà décrite, il ne possède que les 22 couches comprises entre le Grand-Franois et la Dure-Veine.

La Société des Produits a en outre fait l'acquisition de la concession de Nimy constituée par arrêté royal du 19 avril 1869 et comprenant 1528 hectares.

CHARBONNAGE DE BELLE ET BONNE.

On vient de voir que le charbonnage de Belle et Bonne doit son origine à une première cession qui fut faite par les maîtres du rendage des Produits.

Par un acte du 20 avril 1774, passé devant les féodaux du Hainaut, Ambroise Richebé reconnaît avoir bien et légalement remis aux sieurs ...... sous-maîtres de la Cossette, les veines de Grande et Petite *Beutiez*, communément nommées les *Becquets* ou Bechets (Bechées aujourd'hui) sous la juridiction de Quaregnon du chapitre de Sainte-Waudru aux mêmes conditions que le dit sieur Richebé les avait reprises.

Un acte de même date reconnaît la même remise sur le Dohaire, nommé bassin de Saint-Ghislain, juridiction de Quaregnon.

Le 22 août 1774, Ambroise Richebé et le sieur Leroy, ancien maître des Produits, reconnaissent avoir remis aux mêmes maîtres de Cossette les veines de Grande et Petite Belle et Bonne,

Grande-Houbarte et son faniau sur la seigneurie de sa Majesté, juridiction de Jemmapes et sur le Dohaire de Saint-Ghislain, juridiction de Quaregnon.

Enfin, par acte du 27 juin 1794, le sieur Nicolas-François Piérache reconnaît avoir légalement cédé aux maîtres de la Cossette sur le Roi les cinq veines de charbon suivantes : faniau de la Grande-Houbarte, Bechez détachée de Bechez-Houbarte, Grande-Houbarte détachée de Bechez-Houbarte, la laye du mur détachée de la Grande-Houbarte et de la Petite-Houbarte, dépendantes des domaines de sa Majesté sur Jemmapes, telles que le sieur Piérache les avait reprises à cens par contrat du 18 juin 1785 passé à Mons devant le receveur général des domaines de sa Majesté.

Dès lors la Société de Belle et Bonne se trouvait en possession de toutes les couches qui composent sa concession actuelle ; savoir : 1° sur l'ancienne juridiction de Jemmapes, des couches Petite et Grande Cossette, propriété primitive des anciens maîtres de la Cossette sur le Roi ; puis des couches Petite-Bechée, Grande-Bechée, Petite-Houbarte, Grande-Houbarte, Petite-Belle et Bonne, Grande-Belle et Bonne ; 2° sur Quaregnon, des mêmes veines, à l'exception des veines Cossettes qui formaient une remise spéciale ; 3° sur le fief du Flénu, des couches Petite et Grande Houbarte, Petite et Grande Belle et Bonne.

Cette concession a été maintenue dans ces conditions par l'arrêté royal du 30 juin 1830. Elle comprend une étendue de 1592 hectares des communes de Jemmapes et de Quaregnon.

CHARBONNAGE DU RIEU-DU-CŒUR ET LA BOULE.

De ce qui précède, on sait déjà que le 10 novembre 1783, Ambroise-Joseph Richebé déclarait, par devant les hommes de fief du pays et comté d'Hainaut, « avoir bien et légalement « vendu parmi le prix et somme de 23500 livres de France aux sieurs Druon, Sterlin et Bar-« bieux Bernières, de résidence respectivement à Condé et Saint-Amand, une partie du charbon-« nage dite des Produits sous Quaregnon sur la seigneurie des dames chanoinesses du chapitre « de Sainte-Waudru, etc. »

Les acquéreurs s'obligeaient dans le dit contrat « de payer au dit sieur Richebé ou ses aiant « cause le trentième de tous les charbons qui s'extrairont sur toute l'étendue du dit charbonnage « tant et si longtemps qu'il subsistera, à l'exception cependant de celui qui se livrera à une ou « plusieurs machines à feu qu'on pourra être dans le cas de faire ériger sur le dit charbonnage « à l'effet d'exorer les veines et ouvrages vendus par le présent contrat, comme aussi à l'excep-« tion de ce qui pourra se consommer par les commis et préposés au susdit charbonnage et de « ce qui sera également... à l'usage des fosses et autres... ici non spécifiées et cependant rela-

« tives aux ouvrages et besoins d'un charbonnage, sur quoi le dit Richebé n'aura point le tan-
« tième d'extraction, qui n'aura lieu que sur le produit non icy réservé, lequel trentième il
« livrera en *argent franc* et libre de tous frais indistinctement tant ceux occasionnés par l'ex-
« ploitation des charbons que de ceux de reprises et autres, etc. »

On sait aussi que cette cession comprenait dans une étendue de Quaregnon, déjà définie, les couches depuis le Grand-Franois jusqu'à la Dure-Veine.

La Société acquérante prit le nom de Société du Rieu-du-Cœur ; elle a sollicité et obtenu directement du chapitre de Sainte-Waudru les six corps de veines, au midi et au-dessous de la Dure-Veine, savoir : veine à la Pierre, Georges-Maton, Petits-Enfants, Grands-Enfants, Petits-Feuillets et Grands-Feuillets, et ce sans aucune autre délimitation que celle du territoire de Quaregnon.

Une convention conclue le 1er août 1807 avec la Société du charbonnage de la Boule lui donna encore la propriété des veines : « Grand-Buisson, Cedixée, Bouilleau, Erlem, Plate-Veine « et les intermédiaires, plus Payez et Maton supérieures au Grand-Buisson. »

Le 14 octobre 1834, la Société du Rieu-du-Cœur fit l'acquisition complète de la concession de la Boule, instituée par décret impérial du 29 octobre 1809.

Un arrêté royal en date du 11 juillet 1854 a accordé à la Société du Rieu-du-Cœur :

1° La maintenue des couches qui composent son charbonnage ;

2° La réunion de cette mine à celle de la Boule.

L'étendue de la concession est de 891 hectares sous partie des communes de Quaregnon, Pâturages, La Bouverie et Wasmes.

Enfin un autre arrêté royal a donné à la Société charbonnière du Rieu-du-Cœur, à titre d'extension sous Quaregnon, la concession de toutes les couches inférieures à celles qu'elle possédait déjà.

Cette belle et vaste concession a malheureusement été morcelée en divers forfaits ; voir le plan spécial des remises du Rieu-du-Cœur, dans l'annexe à la carte des concessions. Le nombre de ces remises a déjà diminué par suite de la fusion de plusieurs d'entre elles, et l'on ne peut qu'approuver l'administration actuelle dans sa tendance à exploiter par elle-même ; elle a fait un premier pas dans cette voie en établissant un nouveau siége au nord de sa concession.

§ 3e.

ORIGINE DES CONCESSIONS D'HORNU ET WASMES, DU GRAND-BUISSON ET DE L'ESCOUFFIAUX.

L'acte du 23 janvier 1747 porte ce qui suit :

« Les très révérends abbés et religieux de l'abbaie de Saint-Ghislain ont accordé à M. Pierre-
« Toussaint Durieu, pour lui et ses aiant cause, le droit de tirer charbon de toutes les veines
« reprises et spécifiées par le plan attesté de Dom Ambroise Depliche, qui est joint à la présente
« convention à charge par le d. s. Durieu ou aiant cause, rendre à la d. abbaye 50° de toute
« espèce de charbon qu'il fera tirer et aussi le droit de cens des veines qu'il travaillera dans le
« territoire marqué par le d. plan, bien entendu que, *toutes ces veines marquées par le d. plan*
« *sont à l'entière disposition de d. Durieu, soit pour les travailler par lui-même ou pour les*
« *rendre à d'autres comme il trouvera convenir* et que si quelques-unes des veines s'épanchent
« au-delà du territoire dans la juridiction et dépendance pourtant de la d. abbaye, il sera libre
« au d. s. Durieu de continuer à les faire travailler sans autre concession et rétribution que la
« présente qui durera tant et si longtemps que le d. s. Durieu voudra faire travailler sur le d.
« territoire à charge par lui de rétablir les dégâts et combler les fosses comme il est de coutume,
« conditionné que si entre les d. veines il se trouve des foniaux, c'est-à-dire veinettes, il le
« pourra travailler sans aucune rétribution de cens ; à charge aussi de par le d. s. Durieu payer
« le droit ordinaire de regard et de reconnaître et rattifier le présent contrat par devant qui il
« appartiendra.

« Fait à l'abbaie de Saint-Ghislain le 23 janvier 1747.

« Bien entendu que le corps du Boulleau, qui se trouve dans le d. comp. qui est rendu
« n'est pas compris dans la présenté concession, ni aussi la Plate-Veine en cas qu'elle se trouve
« rendue, aujourd'hui et que si cependant ces veines ou autres se trouvent exorrées par la ma-
« chine que fera planter le d. s. Durieu, ils seront tenus de les appointer avec lui. Sont signés :

Dom NICOLAS, abbé de Saint-Ghislain ;

Dom AMBROISE DEPLICHE ;

et DURIEU. 1747.

Le plan joint à cet acte porte le nom des veines suivantes :

Torloyse.	Veine-à-la-Pierre.
Grand-Luquet.	Georges-Maton.
Petit-Luquet.	Durc-Veine.
Truye.	Famène.
Tandelaye.	Soumiliante.
Grands-Andris.	Cornéliette.
Fertée.	Caufournoise.
Veine-à-Forge.	Grand-Gaillez.
Marto.	Renard.
Petite-Plate-Veine.	Petit-Gaillez.
Grande-Plate-Veine.	Veine-à-Terre.
Veine-à-Deux-layes.	Gade-et-Annas.
Honteuse.	Renard-Puant.
Grande-Bibée ou Catelinotte.	Petite-Veine-à-l'Aulne.
Herlem.	Grande-Veine-à-l'Aulne.
Tire-Terre.	Bresse-Carlier.
Bouliau.	Grand-Franoit.
Celixée.	Petit-Franoit.
Grand-Buisson.	Ouba.
Maton-et-Payé, éloignée de 25 du Buisson.	Rouge-Veine.
Grands-et-Petits-Enfants.	Jougueresse.

Il résulte de cet acte et du plan qui y est joint que Durieu était devenu concessionnaire universel de toutes les couches depuis et y compris la Jouguelleresse jusqu'à la Torloyse, dans l'étendue des territoires de Wasmes et d'Hornu, jusqu'à l'ancien grand chemin de Valenciennes à Mons au Nord.

Durieu a eu pour successeur Hardempont.

1° Le 24 mars 1784, ce dernier a cédé sur les communes d'Hornu et de Wasmes les veines depuis Jouguelleresse jusqu'à Payé et Maton, au Midi.

C'est l'origine du charbonnage d'Hornu et Wasmes.

2° Le même Hardempont a créé le charbonnage du Grand Buisson, par sa cession des veines existantes entre Payé et Maton jusqu'à la Sorcière non comprise.

3° Hardempont a encore cédé au sieur Godemêche les veines depuis la Sorcière jusques et y compris la Torloyse ; celui-ci a vendu le 7 septembre 1794 à Wolff les contrats en date du 10 mai 1779 et 24 décembre 1787, ainsi que l'acte du 9 décembre 1775 qui le rendait propriétaire, sur 14 bonniers de la seigneurie de Boussu, des veines Andrieux, Fertée, veine à forges, veine à cailleau, veine de la Sorcière, c'est-à-dire « les corps des dites veines du côté d'Autreppe dans « cette partie de la seigneurie de Boussu depuis les limites de la dite seigneurie qui est déter- « minée aujourd'hui par le chemin qui monte de la machine de Dour sur les 14 bonniers, jus- « qu'au mur de la Sorcière. » De plus Wolff a obtenu directement des abbés de Saint-Ghislain, le 3 mars 1792, la permission et le droit d'extraire les corps de veines dites Torloyse, Grand et Petit Luquet, Truye et Tandelaie (sur Dour) qui traversent les deux parties des bois des 14 et 3 bonniers, depuis le roc de Torloyse au Midi jusqu'au mur de Tandelaie au Nord, et depuis le pont à Cavain à l'Occident jusqu'à la campagne d'Hornu, dite les Grand et Petit Sars, à l'Orient.

C'est ainsi que fut formé le charbonnage de l'Escouffiaux, dont la maintenue n'est pas encore accordée. Il appartient aujourd'hui à la Compagnie des Charbonnages-Belges.

Ces différents actes ont été reconnus par les abbés de Saint-Ghislain. Dans leurs registres, le charbonnage d'Hornu et Wasmes est désigné sous le nom de Fosse Notre-Dame ; plus tard on lui a encore donné le nom de Champré.

Le charbonnage de l'Escouffiaux y est souvent nommé « machine autrichienne ».

L'arrêté de maintenue du charbonnage d'Hornu et Wasmes, sous une étendue de 421 bonniers 51 perches et 28 aunes carrés des communes de Wasmes et d'Hornu, porte la date du 10 septembre 1828.

Le 20 avril 1852, il a obtenu une première extension de 5 hectares 64 ares.

Le 24 août 1861, il lui a été fait une seconde extension des couches Payez et Maton, sous une étendue de 37 hectares 43 ares 25 centiares de la commune de Wasmes.

Le charbonnage d'Hornu et Wasmes comprend aujourd'hui une surface totale de 465 hectares sous les communes de Wasmes et d'Hornu. Les deux couches Payez et Maton qu'il possède sous la commune de Wasmes, appartiennent sous la commune d'Hornu à la Société du Grand Buisson.

Le charbonnage du Grand Buisson a été maintenu dans sa concession par arrêté royal du 21 juin 1841, sous une surface de 1361 hectares des communes de Wasmes et d'Hornu.

§ 4ᵉ

ORIGINE DES CHARBONNAGES DE L'AGRAPPE ET DE GRISŒUIL.

COMPAGNIE DES CHARBONNAGES BELGES.

Rien n'est plus compliqué que ce système d'anciennes concessions qui, par suite de réunions successives par accessions et acquisitions, a enfin donné lieu aux charbonnages de l'Agrappe réunis et de Grisœuil, appartenant tous deux à la Compagnie des Charbonnages Belges.

Avant d'aborder la description de tous ces anciens charbonnages, il importe de donner la nomenclature tant actuelle qu'ancienne des couches dont ils se composent et dont les noms ont varié suivant les diverses juridictions qu'elles traversent. C'est ce que j'ai cherché à faire dans le tableau suivant. J'y ai apporté toute l'exactitude possible, mais on comprend la difficulté de raccorder des couches qui, souvent dans une même juridiction, ont été confondues, ont porté le même nom et ont été concédées à plusieurs personnes à la fois. C'est ce que l'on remarquera entre autres au sujet des veines Duriau, etc., concédées aux auteurs de Picquery et de l'Agrappe.

NOMS DONNÉS AUX COUCHES.

Sur Wasmes et Hornu, ancienne juridiction de l'abbaye de St-Ghislain.	Actuellement, aux puits N° 10 de Grisœuil.	Sur Quaregnon ancien (les Pâturages y compris). Ancienne juridiction du chapitre de Ste-Waudru.	Actuellement, au puits N° 5 de l'Agrappe.	Sur l'ancien Frameries, (la Rouverie compris). Ancienne juridiction du Roi.	Actuellement, au puits N° 2 de l'Agrappe.
Patin de bois(rep^re)	Angleuse(repère).	Angleuse(repère).	Angleuse(repère).	Angleuse(repère).	Angleuse (rep^re.)
G^d-et-P^t-Piternoul.	»	Duriau.	»	Duriau.	»
Liberzée.	»	Liberzée.	»	Liberzée.	»
»	»	Piternoul.	»	Piternoul.	»
»	»	Longterne.	»	»	»
»	»	Veine à forges.	»	»	»
»	»	Sent-Mai.	»	»	»
»	»	Grand-Clau.	»	»	»
»	»	P^t id.	»	»	»
Bahu.	»	Bahu.	»	»	»
Longterne.	»	Longterne.	»	»	»
»	»	Clau.	»	Clau.	»
»	Plate-Veine.	Plate-Veine.	Plate-Veine.	Plate-Veine.	Plate-Veine.
»	Pouilleuse.	Pouilleuse.	Pouilleuse.	Pouilleuse.	Pouilleuse.
»	Grand-Samain.	Grand-Samain.	Grand-Samain.	Grand-Samain.	Grand-Samain.
»	Petit id.	Petit id.	Petit id.	Petit id.	Petit id.
»	Chauffournoise.	Chauffournoise.	Chauffournoise.	Chauffournoise.	Chauffournoise.
Cinq Paulmes.	Cinq Paulmes.	Cinq Paulmes.	Naye.	Naye.	Naye.
Six id.	Six Paulmes	Six Paulmes	Cinq Paulmes.	Cinq Paulmes.	Cinq-Paulmes.
»	Picarte. Veine à forges.	Grande-Séreuse.	Picarte. Veine à forges.	Grande Séreuse.	Grande-Séreuse.
»	Travaillant.	Petite »	Travaillant.	Petite id.	Petite id.
Picarte.	»	Picarte.	»	Moucheron.	G^d-Moucheron.
Veine à forges.	»	Travaillante.	»	»	P^t id.
Sent Mai.	»	Valerie.	»	Ghistienne.	»
Couteau.	»	G^d-Moucheron.	»	Litigieuse.	»
Raton.	»	Gros id.	»	»	»
Jojo , Pouilleuse , Toute-Bonne.	Toute-Bonne.	Petit id	Toute-Bonne.	Toute-Bonne.	Toute-Bonne.
G^de Veine l'Evêque. (Les Tas sur Warquignies).	G^de-Veine-l'Ev.	G^de Veine l'Ev.	G^de-Veine l'Ev.	G^de-Veine l'Ev.	G^de-Veine-l'Ev.
P^te Veine-l'Evêque	Chauffournoise.	P^te id.	Chauffournoise.	P^te id.	Chauffournoise.
Grand-Spuisoir.	Espuisoir.	Grand-Spuisoir.	Espuisoir.	Grand-Spuisoir.	Espuisoir.
Petit id.	»	Petit id.	»	Petit id.	»
Moreau.	Moreau.	Moreau.	Moreau.	Moreau.	Moreau.
G^de-Auvergies.	Auvergies.	G^de-Auvergies.	Auvergies.	G^de-Auvergies.	Auvergies.
P^te id.	»	P^te id.	»	Petite id.	»

CHARBONNAGES RÉUNIS DE L'AGRAPPE.

En ce qui concerne le charbonnage de l'Agrappe, voici les concessions qui existaient vers la fin du siècle dernier.

A. Une première concession, plus spécialement composée des couches Cinq-Paulmes et Veine-du-Naye, s'étendait sur le territoire de Frameries depuis celui de Noirchain jusqu'au chemin des Écluses.

B. Le charbonnage de Cinq-Paulmes formait son prolongement au Couchant depuis le chemin des Écluses jusqu'à la limite de Pâturages.

C. Le charbonnage de Duriau-Liberzée s'étendait sous l'ancien territoire de Frameries dont fait partie celui de La Bouverie et comprenait neuf couches au Nord des précédentes, savoir : (1º) Duriau, (2º) Liberzée, (3º) Piternoul, (4º) Clau, (5º) Plate-Veine, (6º) Pouilleuse, (7º) Petit-Samain, (8º) Grand-Samain, (9º) Chauffournoise.

D. Le charbonnage de Grande-Séreuse et Blanc-Moucheron s'étendait depuis Noirchain jusqu'à Pâturages et possédait les couches Grande-Séreuse, Petite-Séreuse et les Moucherons. Une première réunion de ces charbonnages eut lieu le 24 thermidor an XI (vente par le sieur Pierrache à la Société de l'Agrappe) sous le nom de charbonnages de l'Agrappe, Duriau et Cinq-Paulmes réunis. Des actes de 1777 et 1793 du receveur de l'empereur ou du comte de Hainaut déclarent que ces charbonnages sont exploités en vertu de concessions qui remontent aux temps les plus reculés et dont la reproduction est matériellement impossible.

E. Le charbonnage de Noirchain-le-Temple, dit aussi Mont-en-Peine, était formé lui-même de deux concessions et comprenait : (1º) toutes les couches de fond en comble gisant sous tout le territoire et seigneurie de Noirchain et (2º) toutes les couches de fond en comble sous toutes les terres de la seigneurie du Temple et de l'ordre de Malte, tant sur Noirchain que sur Frameries, Genly et Eugies. L'acte de cession de ces deux charbonnages en faveur de la Société de l'Agrappe est du 28 mars 1809 et comprenait les couches Grande et Petite-Auvergies depuis Noirchain jusqu'au chemin des Écluses.

On voit que ces seigneurs hauts-justiciers concédaient bien différemment que leurs voisins.

F. Les charbonnages des Goffettes et Godinettes sous Frameries et la Bouverie, étaient formés des couches : (1º) Grande-Goffette, (2º) Petite-Goffette, (3º) Grand-Masset, (4º) Petit-Masset, (5º) Grande-Godinette, (6º) Petite-Godinette.

G. Le charbonnage de Bleffe et Rossignol, sous les territoires de Frameries et La Bouverie, comprenait les couches : Bleffe, Rossignol et leurs dépendances.

Toutes ces concessions, en grande partie superposées, ont été acquises par la Compagnie des Charbonnages Belges et ont constitué la concession de l'Agrappe, maintenue par arrêté royal du 30 septembre 1875.

Deux autres arrêtés de même date ont accordé également, à la Compagnie des Charbonnages Belges, maintenue : (1°) des veines composant le charbonnage de Bisiva, savoir : Grande-Veine-l'Evêque, Petite-Veine-l'Évêque, Grand-Spuisoir, Petit-Spuisoir et Moriau, sous partie des communes de Pâturages, Quaregnon, La Bouverie et Frameries ; (2°) des deux couches Grande et Petite-Auvergies qui forment le charbonnage des Auvergies sous partie des communes de Frameries et La Bouverie au Couchant du chemin des Ecluses.

Enfin, un quatrième arrêté royal du 29 décembre 1876 a approuvé la réunion de ces trois dernières concessions pour former celle des charbonnages réunis de l'Agrappe, d'une étendue de 1184 hectares dépendant des communes de Frameries, Jemmapes, La Bouverie, Pâturages, Noirchain, Ciply et Genly.

CHARBONNAGE DE GRISŒUIL.

Le charbonnage de Grisœuil se compose de neuf charbonnages anciens qui ont été acquis à diverses époques par la maison Fontaine-Spitaels ; lors de la liquidation de cette maison, ils sont devenus la propriété de la famille Defontaine qui les a apportés dans la Société Anonyme des charbonnages de l'Agrappe et Grisœuil, constituée le 4 février 1837.

Je donne ci-dessous la situation et la composition de ces anciens charbonnages.

Sous les Pâturages de Quaregnon (commune de Pâturages).

A. Charbonnages situés au Levant du ruisseau du Cœur :

1° Petit-Grisœuil, dit Souflenju, sur Pâturages, limité au Levant par le territoire de Frameries, au Midi par le charbonnage de Bisiva, au Couchant par le ruisseau du Cœur, et au Nord par le charbonnage de la Grande-Garde-de-Dieu de Pâturages, ou Petit-Picry. Il comprend les couches :

(a) Grand-Moucheron, *(b)* Gros-Moucheron, *(c)* Petit-Moucheron, *(d)* Valérie, *(e)* Travaillant, *(f)* Picarte, *(g)* Petite-Séreuse, *(h)* Grande-Séreuse, *(i)* Six Paulmes, *(j)* Cinq-Paulmes, *(k)* Chauffournoise, *(l)* Petit-Samain, *(m)* Grand-Samain, *(n)* Pouilleuse, *(o)* Plate-Veine, *(p)* Clau, *(q)* Longterne, *(r)* Bahu.

2º Grande-Garde-de-Dieu-du-Pâturages, ou Petit-Picry[1], sur Pâturages et Quaregnon, limité au Levant par le sentier de Lambrechies, au Midi par les charbonnages de l'Agrappe et Petit-Grisœuil, au Couchant par le ruisseau du Cœur, et au Nord par le charbonnage du Grand-Picry, composé des couches : *(a)* Duriau, *(b)* Liberzée, *(c)* Pitornoul, *(d)* Angleuse, *(e)* Grande-Garde-de-Dieu, *(f)* Petite-Garde-de-Dieu.

B. Charbonnages compris entre le ruisseau du Cœur au Levant, et celui de Colfontaine au Couchant.

3º Grand-Grisœuil, Moreau et Auvergies, situé sous la commune de Pâturages, limité au Levant par le ruisseau du Cœur, au Midi par la concession de Jolimet, au Couchant par le ruisseau de Colfontaine, et au Nord par les charbonnages, 1º de Six-Paulmes ; 2º de Valérie, Travaillant et Petite-Séreuse. Il possède *(a)* Petite-Auvergie, *(b)* Grande-Auvergie, *(c)* Moreau, *(d)* Grande et Petite-Epuisoir, *(e)* Chauffournoise, *(f)* Grande-Veine-l'Évêque, *(g)* Jojo-Pouilleuse ou Toute-Bonne.

4º Valérie, Travaillant et Petite-Séreuse, limité au Levant par le ruisseau du Cœur, au Midi par le charbonnage de Grand-Grisœuil, au Couchant par le territoire de la commune de Wasmes, et au Nord par le charbonnage de Grande-Séreuse, et Cinq-Paulmes. Il comprend les couches Valérie, Travaillant, Petit-Grisœuil.

5º Grande-Séreuse et Cinq-Paulmes, limité au Levant par le ruisseau du Cœur, au Midi par le charbonnage de Valérie, Travaillant et Petite-Séreuse, au Couchant et au Nord par le territoire de Wasmes. Il se compose des deux couches Grande-Séreuse et Cinq-Paulmes.

Sous les communes de Wasmes et Hornu.

C. 6º Grande-Veine sur Wasmes, limité depuis le ruisseau du Cœur sur Pâturages, au Levant, jusqu'au chemin dit de Sainte-Barbe d'en bas, longeant le bois de Saint-Ghislain, au Couchant, et depuis le mur de la Grande-Veine-l'Évêque, au Midi, jusqu'au toit de la première veine du charbonnage de la Grande-Garde-de-Dieu. Il comprend *(a)* Auvergie, *(b)* Moreau, *(c)* Epuisoir, *(d)* Chauffournoise, *(e)* Grande-Veine-l'Évêque, *(f)* Jojo-Pouilleuse ou Toute-Bonne.

7º Six Paulmes sur Wasmes. Il s'étend de la limite de Pâturages, au Levant, jusqu'au chemin Sainte-Barbe, au Couchant, sur les territoires d'Hornu et de Wasmes. Il comprend les couches : *(a)* Sent-Mai, *(b)* Veine-à-forges, *(c)* Picarte, *(d)* Six-Paulmes, *(e)* Cinq-Paulmes, *(f)* Longterne, *(g)* Bahu.

---

1. Ce charbonnage de Petit-Picry était, comme on le voit, indépendant du charbonnage de Picry ou Picquery, nommé aussi Grand-Picquery.

8° Grande-Garde-de-Dieu sur Wasmes et Hornu, limité au Levant par le ruisseau du Cœur et au Couchant par la chaussée d'Hornu à Warquignies. Il se compose des couches suivantes : *(a)* Scoliers, *(b)* Liberzée, *(c)* Grand-Piternoul, *(d)* Petit-Piternoul, *(e)* Patin-de-Bois, *(f)* Grande-Garde-de-Dieu, *(g)* Petite-Garde-de-Dieu, *(h)* Pourceau, *(i)* Fraite, *(j)* Vaque, *(k)* Veau, *(l)* Boule.

9° Grande-Garde-de-Dieu sur Dour et Hornu. Il comprend : (1°) Depuis la chaussée d'Hornu à Warquignies jusqu'aux esponges de Dour, le prolongement des veines dont se compose le charbonnage de la Grande-Garde-de-Dieu sur Wasmes. (2°) Entre le chemin Sainte-Barbe et le ruisseau du pont à Cavin, la continuation des couches du charbonnage de Six-Paulmes sur Wasmes et désignées comme suit : *(a)* Raton, *(b)* Couteau, *(c)* Six-Paulmes, *(d)* Longterne, *(e)* Bahu.

Tels sont les charbonnages dont se compose la mine de Griscœuil qui elle-même forme avec les mines de l'Agrappe, de l'Escouffiaux et de Jolimet et Roinge, la propriété de la Compagnie connue sous le nom de Charbonnages-Belges.

----

§ 5ᵉ.

ORIGINE DES CHARBONNAGES DE CRACHET-PICQUERY ET DE BONNE-VEINE.

L'ancien charbonnage de Picquery tire également son origine de la réunion d'un grand nombre de charbonnages anciens.

A. Sous les communes de Frameries, La Bouverie et Jemmapes, c'est-à-dire sous les terres de la juridiction du Roi : 4 rendages : (1°) Picry-Duriau, Liberzée ; (2°) Grande et Petite-Garde-de-Dieu, Piternoise et appendance ; (3°) Vache, Frête, Pourceau ; (4°) Boule. Ils donnaient droit aux veines de Grand et Petit-Duriau, Piternou et Liberzée, Angleuse, Grande et Petite-Garde-de-Dieu, Vache, Frête, Pourceau, Boule et de toutes les veines accessoires intermédiaires.

B. Sous les communes de Quaregnon et Pâturages, rive droite du Rieu-du-Cœur, dépendant de la juridiction du chapitre de Sainte-Waudru, 7 rendages : (1°) Vache, Frête, Pourceau, Petit Cors et Boule; (2°) Houbée et Caudelée ; (3°) Grand et Petit-Blancquet dit Goltrain et Crachet; (4°) Torrioir et Pierrain ; (5°) Bonne-Veine, Veinette, Naisson, Veine-du-Mur; (6°) Rouge-Veine dite Bertiau, Grand et Petit-Pantoue; (7°) Catelinotte et ses layettes. Ces diverses remises donnaient droit aux veines diverses situées au Midi et inclusivement à la couche de Pourceau qui sont notamment et avec toutes celles accessoires intermédiaires : Pourceau, Vache, Frête, Boule,

Petit et Grand-Roger, Tandelaye ou Caudelée, Houbaye ou Houba, Petit et Grand-Blancquet, Torrioire, Pierrain, Veine-du-Mur, Naisson, Veinette, Bonne-Veine.

C. Concession des anciens seigneurs de Lambrechies sous Frameries et La Bouverie, entre les concessions *A* et *B*, et comprenant toutes les veines de fond en comble qui s'y trouvent, celle de Cinq-Paulmes exceptée.

L'ancienne Société dite de Crachet sur Frameries a été formée vers l'an 1775 de la réunion de 4 petites Sociétés dites : de Crachet, de la Boule, de Pierrain et de Bonne-Veine, elle comprenait plus spécialement les veines désignées alors sous les noms de Crachet-du-Mur, Roger-d'Autrain, Blancquet dit Crachet, Pierrain détaché de Crachet-Mur, Blancquet dit Boule ou Tandelaye, Houbat, Marteau, Bonne-Veine, Veinette, Pauvreté et Rattend-Tout.

Un acte spécial de concession lui a été délivré le 9 juillet 1782 par les président et gens des comptes de l'Empereur et Roi.

Ce charbonnage ainsi que celui d'Ostennes était devenu la propriété de la Société de Cache-Après.

En 1856, la Société du Levant du Flénu (anciennement Cache-Après) cédait ces deux charbonnages à la Société du Couchant du Flénu ; peu de temps après, cette dernière Société séparait l'ancienne concession de Crachet pour la réunir à celle de Picquery et former ainsi le charbonnage de Crachet-Picquery ; enfin le 7 janvier 1865, elle vendait aussi l'ancienne concession d'Ostennes à la Société des Produits.

La propriété des veines de Picquery a soulevé de graves difficultés et a donné lieu à un grand nombre de procès ; les principales oppositions ont été levées à la suite d'actes transactionnels passés avec les Sociétés de l'Agrappe et du Levant du Flénu, ils ont eu pour effet de modifier le périmètre primitif des concessions.

Le 2 août 1875, un arrêté royal a proclamé la maintenue des deux charbonnages de Crachet et de Picquery sous le nom de *charbonnage* de Picquery.

Un autre arrêté royal en date du 7 février 1876 a autorisé le partage de cette concession et a créé les mines dites de *Picquery* et de *Bonne-Veine*[1].

---

1. Le charbonnage de Bonne-Veine était depuis 1844 un forfait de Picquery.

§ 6e.

ORIGINE DU CHARBONNAGE DU HAUT-FLÉNU ;

SA FUSION AVEC LA MINE DU LEVANT DU FLÉNU.

Le charbonnage du Haut-Flénu, acquis par la Société du Levant du Flénu le 4 avril 1868 et réuni à sa concession par arrêté royal du 16 novembre de la même année, se composait lui-même de la réunion de sept anciens charbonnages qui présentaient un *enchevêtrement* des plus curieux.

A. Le charbonnage de *Sidia-Clayau*, l'un des plus importants, possédait sous la commune de Cuesmes les Couches :

<table>
<tr><td>Veine-à-gros ou Cinq mille ;</td><td>Veine-à-Chiens ;</td></tr>
<tr><td>Veine-à-Forges ;</td><td>Petit-Houspin ;</td></tr>
<tr><td>Grande-Morette ;</td><td>Grand-Houspin ;</td></tr>
<tr><td>Petite-Morette ;</td><td>Horpe ;</td></tr>
<tr><td>Clayau ;</td><td>Layette ;</td></tr>
<tr><td></td><td>Désirée ;</td></tr>
<tr><td></td><td>Cochez.</td></tr>
</table>

Sous la commune de Jemmapes il ne possédait qu'une seule couche, celle de Clayau.

Les trois premières veines du Flénu, supérieures à la couche Cinq mille ainsi que les veines inférieures à Cochez, appartenaient sous Cuesmes à la Société de Cache-Après (aujourd'hui Levant du Flénu) ; mais la couche Horiau, intermédiaire entre Clayau et Veine-à-Chiens, faisait partie de la concession d'Horiau.

B. Le charbonnage de la *Grande-Morette* ne possédait qu'une seule couche, la Grande-Morette sous Jemmapes, comble Midi et comble Nord.

C. Le charbonnage d'*Horiau* comprenait, sous Cuesmes, la couche Horiau, et sous Jemmapes, dans les deux combles, cette même veine ainsi que la Veine-à-Chiens immédiatement inférieure.

D. Le charbonnage de l'*Auflette* se composait des trois veines : Petit-Houspin, Grand-Houspin et Horpe, immédiatement inférieures à celles de la Société d'Horiau, sous les communes de Jemmapes et de Quaregnon, y compris le fief du Flénu, sous lequel les Sociétés précédentes n'avaient pas de remises.

E. Le charbonnage de la *Garde-de-Dieu* comprenait sous toute l'étendue des communes de Jemmapes et de Quaregnon les trois couches dites layette de Désirée, Désirée et Cochet.

Il ne possédait la couche Jausquette, inférieure à celles-ci, que dans le comble du Nord des communes de Jemmapes et de Quaregnon et sous le fief du Flénu.

F. Le charbonnage de la *Jausquette* ne possédait que la couche de ce nom sous Jemmapes et dans le comble du Midi seulement.

G. La Société de *Bonnet-Roi* avait sous la commune de Jemmapes, la veine Bonnet, en comble du Midi, le fief excepté, et les deux couches Famenne et Veine-à-Mouches dans les deux combles sous cette même commune.

Une observation se présente ici relativement au nom de *Bonnet-Roi* donné à une Société sur Jemmapes en opposition au nom de *Bonnet-Dame* donné à une autre Société sur Quaregnon ; cela provient de ce que l'une tenait sa concession de la juridiction du *Roi*, et l'autre de celle des *Dames* du chapitre de Sainte-Waudru.

Une Société, dite des Pompes, exhaurait ces divers charbonnages ; sa première machine à vapeur installée sur la concession de Horiau remonte à l'année 1754. (Voir chap. des machines à vapeur.)

L'arrêté royal du 14 avril 1852 a accordé à la Société du Haut-Flénu la maintenue et la réunion de ces anciens charbonnages sous une étendue de 1279 hectares des communes de Cuesmes, Jemmapes et Quaregnon.

Le 12 novembre 1857, la Société du Haut-Flénu a acquis une partie de la concession de la Fosse du Bois, comprenant les couches Fagniau, Grande-Veine et Jouguelleresse, sous une étendue de 161 hectares de la commune de Jemmapes. Vente homologuée par arrêté royal du 25 juillet 1860.

Le 28 mars 1868, elle a obtenu une extension dans la partie Nord de Jemmapes sous une étendue de 232 hectares.

L'acte d'acquisition des charbonnages du Haut-Flénu porte la date du 4 avril 1868. Un arrêté royal du 16 novembre de la même année a autorisé la réunion de ces deux mines en une seule concession de 2474 hectares.

Divers autres arrêtés sont intervenus au sujet du Levant du Flénu :

Celui du 17 avril 1829 a accordé la maintenue à la Société de Cache-Après des veines situées sous les communes de Hyon et de Cuesmes.

Celui du 24 mai 1848 a donné une extension de concession sous les communes de Cuesmes, Mons et Mesvin.

L'arrêté du 3 avril 1868 a créé une deuxième extension de concession sous les mêmes communes.

Enfin celui du 3 février 1870 a homologué une convention faite avec la Société des Produits relativement à une rectification de limite.

La Société de Cache-Après, représentée aujourd'hui par la Société du Levant du Flénu, possédait primitivement les charbonnages de Crachet et d'Ostennes, qu'elle cédait en 1856 à la Société du Couchant du Flénu ; quoi qu'il en soit, la concession actuelle du Levant du Flénu est une des plus belles et des plus riches de notre bassin.

En terminant ce paragraphe, je tiens à faire ressortir qu'il suffit de remonter à l'année 1840 pour trouver l'exemple de 14 charbonnages superposés sous certaines parties des territoires de Jemappes et Quaregnon. C'est ce que montre le tableau suivant, qui explique le système si compliqué du Haut-Flénu. Voir aussi le grand tableau de la superposition des concessions.

	QUAREGNON			JEMMAPES			CUESMES.
	COMBLE NORD.	COMBLE SUD.	FIEF DU FLÉNU.	FIEF DU FLÉNU.	COMBLE SUD.	COMBLE NORD.	
Moulinet.					Vingt actions.	Vingt actions.	Cache-Après.
Veine d'amies.					id.	id.	id.
Grand-Moulin.					id.	id.	id.
Veine à gros ou cinq mille.					id.	id.	Sidia Clayau.
Veine à forges.					id.	id.	id.
Gde-Morette ou veine à 2 layes.					Gde-Morette.	Gde-Morette.	id.
Petite-Morette.					Vingt actions.	Vingt actions.	id.
Clayau.					Sidia-Clayau.	Sidia-Clayau.	id.
Horiau ou rouge veine.					Horiau.	Horiau.	Horiau.
Veine à chiens.					id.	id.	Sidia-Clayau.
Petite-Houspin ou plate-faille.	Auflette.	Auflette.	Auflette.	Auflette.	Auflette.	Auflette.	id.
Grand-Houspin.	id.	id.	id.	id.	id.	id.	id.
Horpe.	id.	id.	id.	id.	id.	id.	id.
Layette de Désirée.	Gde de Dieu.	Gde de Dieu.	Gde de Dieu.	Gde de Dieu.	Gde de Dieu.	Gde de Dieu.	id.
Désirée.	id.	id.	id.	id.	id.	id.	id.
Cochez.	id.	id.	id.	id.	id.	id.	id.
Jausquette.	id.	Bonnet-Dame.	id.	id.	Jausquette.	id.	Cache-Après.
Faugneau ou Faniau.	Fosse du Bois.	Fosse du Bois.	Fosse du Bois.	Turlupu.	Fosse du Bois.	Turlupu.	id.
Grande-Veine.	id.	id.	id.	id.	id.	id.	id.
Jouguelleresse.	id.	id.	id.	id.	id.	id.	id.
Bonnet.	Turlupu.	Bonnet-Dame.	Bonnet-Dame.	id.	Bonnet-Roi.	id.	id.
Famenne.	id.	id.	id.	Bonnet-Roi.	id.	Bonnet-Roi.	id.
Veine à mouches.	id.	id.	id.	id.	id.	id.	id.
Pucelette.	id.	Vingt actions.	Vingt actions.	Vingt actions.	Vingt actions.	Turlupu.	id.
Petite et Grande-Cossette.	Cossette.	Cossette.	id.	id.	Belle et Bonne.	Belle et Bonne.	id.
Petite-Béchée.	Belle et Bonne.	Belle et Bonne.	id.	id.	id.	id.	id.
Grande-Béchée.	id.	id.	id.	id.	id.	id.	id.
Petite-Houbarte.	id.	id.	Belle et Bonne.	Belle et Bonne.	id.	id.	id.
Grande id.	id.	id.	id.	id.	id.	id.	id.
Grande Belle et Bonne.	id.	id.	id.	id.	id.	id.	id.
Petite id.	id.	id.	id.	id.	id.	id.	id.

Combien de millions de francs ce système de concession par couches n'a-t-il pas fait dépenser en pure perte par des travaux préparatoires et de premier établissement répétés inutilement un grand nombre de fois ? Que de frais de toute espèce n'a-t-il pas entraînés ? Que de milliers de francs encore dépensés en procès pour vider des différends résultant de cet état de choses ? Il est vrai de dire, cependant, que c'est à lui qu'est dû, très vraisemblablement, le développement précoce de nos exploitations.

Je ne puis fatiguer l'attention en multipliant ces exemples; j'ai choisi les faits les plus saillants de notre histoire charbonnière; quant aux autres mines, je renvoie pour les dates et les contenances au tableau ci-après, ainsi qu'aux cartes des concessions qui en donnent le périmètre, et enfin au tableau général des superpositions de concessions en ce qui concerne la composition des charbonnages.

SOCIÉTÉS. RAISON SOCIALE.	NOMS DES CONCESSIONS ACTUELLES.	DATES DES CONCESSIONS, DES EXTENSIONS ET DES RÉUNIONS.	ÉTENDUE DE LA SURFACE CONCÉDÉE.	ÉTENDUE DE LA SURFACE PROPOSÉE.	OBSERVATIONS.
			Hect.		
...ciété Anonyme des Charbonnages-Unis de l'Ouest de Mons, à Boussu.	Belle-Vue.	30 mai 1844. Maintenue et extension.	3939		
	Longterne-Trichères	25 avril 1829. Maintenue. 11 juillet 1861. Extension.	112		
	Bois de Boussu.	26 avril 1833. Maintenue du charbonnage du Nord du Bois de Boussu. 15 mars 1854. Maintenue des deux charbonnages du Midi du Bois de Boussu et de Ste-Croix, Ste-Claire. Réunion des trois charbonnages en un seul. Extension.	1127		
	Grand-Hainin.	16 août 1827. Maintenue.	267		
...ciété Anonyme charbonnière d'Hornu et Wasmes, à Wasmes.	Hornu et Wasmes.	10 septembre 1828. Maintenue. 20 avril 1852. Rectification et extens. 24 août 1851. Idem.	465		
...ciété des Mines du Grand-Buisson, à Hornu.	Grand-Buisson.	21 juillet 1841. Maintenue.	1361		Sociétés patronnées par la Société Générale pour favoriser l'industrie nationale.
...ciété Anonyme des charbonnages de Crachet-Picquery, à Frameries.	Picquery.	2 août 1875. Maintenue et extension. 7 février 1876. Partage.	389		
...ciété Anonyme du charbonnage des Produits, à Flénu.	Produits.	11 novembre 1837. Maintenue. 19 avril 1869. Extension sous Ghlin et Mons. 3 février 1870. Rectification de limite avec le Levant du Flénu.	1456		
	Ostennes.	2 août 1875. Maintenue et extension.	1004		
	Nimy.	19 avril 1869. Concession.	1528		
...ciété Anonyme du charbonnage du Levant du Flénu, à Cuesmes.	Levant du Flénu.	17 avril 1829. Maintenue. 24 mai 1848 et 3 avril 1868. Extension. 16 novembre 1868. Réunion du Haut-Flénu. 3 février 1870. Rectification de limite avec Produits.	2474		
	Belle-Victoire.	13 septembre 1820.	2376		
...ciété Anonyme du Couchant du Flénu, à Quaregnon[1].	Cossette.	1er juillet 1828.	325		

[1]. Concession épuisée. La Société exploite actuellement une remise à forfait du Rieu-du-Cœur.

			Concédé	Non concédé	Observations
Compagnie des Charbonnages-Belges, à Frameries (Anonyme).	Agrappe.	30 septembre 1875. Maintenue des charbonnages de l'Agrappe, Bisiva et Auvergies. 29 décembre 1876. Réunion des trois charbonnages.	1184		
	Jolimet et Roinge.	5 juin 1845. Maintenue. 19 juin 1848. Extension.	724		
	Grisœuil.	»		1491	Non concédé.
	Escouffiaux.	»		1405	Idem.
Société Anonyme du charbonnage de Bonne-Espérance, à Wasmes.	»	»	»	»	Forfait de l'Escouffia...
Société Anonyme du charbonnage de Longterne-Ferrand, à Elouges.	Longterne-Ferrand.	17 messidor an IX. Maintenue.	415		La Société exploite forfait.
Société Anonyme des Houilles-Grasses du Levant d'Elouges, à Elouges.	Grande-Veine-du-Bois-d'Epinois.	12 février 1856. Maintenue.	339		
Société Anonyme des Chevalières de Dour, à Dour.	Midi de Dour.	17 janvier 1827. Concession du Midi de Dour. 11 avril 1843. Concession de la Grande-Chevalière. 11 avril 1843. Extension et réunion.	652		
Société Anonyme du charbonnage de la Grande Machine à feu de Dour, à Dour.	Grande Machine à feu de Dour.	13 avril 1842. Maintenue.	271		
Société Anonyme du Grand-Bouillon et des Chevalières du Bois de Saint-Ghislain, à Dour.	Grand Bouillon du Bois de Saint-Ghislain.	23 germinal an IX. Concession.	150		
	Grande Veine du Bois de Saint-Ghislain.	»		74	Non concédé.
Société des Grands et Petits-Tas Réunis, à Warquignies.	Grand-et-Petit-Tas.	»	»	111	Idem.
Société Anonyme du charbonnage de Bonne-Veine, à Pâturages.	Bonne-Veine.	7 février 1876. Partage avec Picquery.	142		

Société Anonyme des charbonnages de Pâturages et Wasmes, à Pâturages.	Grand Bouillon de Pâturages.	11 avril 1810. Maintenue.	200
»	Bois de Colfontaine.	20 juillet 1807. Maintenue.	333
Société Civile du charbonnage des Couteaux, à La Bouverie.	Eugies.	24 septembre 1863. Concession.	225
Société charbonnière de Genly.	Genly.	24 septembre 1863. Concession.	180
Société Anonyme des charbonnages du Midi de Mons, à Ciply.	Ciply.	18 mars 1859. Concession.	285
Société Charbonnière du Grand Hornu, à Hornu.	Grand-Hornu.	9 août 1827. Maintenue. 4 mars 1829. Extension.	896
Société Anonyme charbonnière de Belle et Bonne, à Flénu.	Belle-et-Bonne.	30 juin 1830. Maintenue. 25 avril 1868. Extension.	1592
Société Charbonnière du Centre du Flénu.	Vingt-Actions.	5 avril 1854. Maintenue.	1126
Société Charbonnière de Turlupu.	Turlupu.	31 décembre 1840. Maintenue.	711
Société Charbonnière de Bonnet et Veine-à-Mouches.	Bonnet et Veine-à-Mouches.	16 janvier 1824. Maintenue.	263
	Jausquette-sur-Dames.	30 avril 1830. Maintenue.	263
Société Anonyme des Houillères-Réunies, à Quaregnon[1].	»	»	»
Société Anonyme Charbonnière du Bois.	Fosse-du-Bois.	26 décembre 1840. Maintenue. 25 juillet 1860. Cession d'une partie au Haut-Flénu.	370

1. Cette Société a été formée en 1854 pour l'exploitation en commun des quatre concessions qui précèdent : Vingt-Actions, Turlupu, Bonnet et Veine-à-Mouches, Jausquettes-sur-Dames. Elle exploite actuellement à forfait dans la concession du Rieu-du-Cœur, sur la remise du Couchant du Flénu.

Société des Charbonnages-Réunis du Rieu-du-Cœur et de la Boule, à Quaregnon (Civile). Société Anonyme du charbonnage du Couchant du Flénu (ci-devant 12 Actions), à Quaregnon. Société Charbonnière des 24 Actions, à Quaregnon (Civile). Société Civile charbonnière des 16 Actions, à Quaregnon. Société civile charbonnière du Bas-Flénu, à Quaregnon. Société Civile du Midi du Flénu, à Quaregnon. Société Anonyme charbonnière d'Hornu et Wasmes, à Wasmes.	Rieu-du-Cœur.	29 octobre 1809. Concession de la Boule. 11 juillet 1854. Maintenue du Rieu-du-Cœur. 11 juillet 1854. Réunion du Rieu-du-Cœur et de la Boule. 25 mars 1855. Extension.	891	
Société Civile charbonnière de la Petite-Sorcière à Jemmapes.	»	»	»	»
Société Charbonnière de Bernissart (Civile).	Blaton.	16 juin 1830. Concession.	2933	
Société Charbonnière d'Hensies-Pommerœul (Civile).	Hensies-Pommerœul.	30 janvier 1875. Concession.	1128	
Société Charbonnière d'Hautrages (Civile).	Hautrages.	19 juin 1843. Concession.	1384	
Société Charbonnière de Sirault (Civile).	Sirault.	30 septembre 1862. Concession.	248	
Société Charbonnière de l'Espérance (Civile).	Espérance.	19 juin 1843. Concession.	3576	
Société Charbonnière du Nord du Flénu, à Ghlin.	Ghlin.	19 avril 1869. Concession.	2309	

Cette Société, qu'il importe de ne pas confondre avec la Société de Turlupu qui a aussi porté le nom de Petite-Sorcière, exploite sous Jemmapes et Quaregnon, dans une partie du Comble Nord, un groupe de couches que l'on croyait être d'abord la propriété du Haut-Flénu, mais qui depuis a été reconnu comme faisant partie de la concession des Produits et du Rieu-du-Cœur.

On peut résumer comme suit les chiffres de ce tableau :

Surface concédée totale . . . . 39,613 hectares.
Surface proposée pour les concessions non régularisées . . . . . 3,081 »

Total. . . . 42,694 »

En en retranchant les mines de Blaton, Hensies, Pommerœul, Hautrages, Sirault, Espérance, Ghlin et Nimy, faisant partie du 3ᵉ arrondissement des mines, soit . . . . 13,106 »

Il reste pour les mines du 1ᵉʳ arrondissement une surface de . . . . 29,588 »

D'après les calculs de M. l'Ingénieur en chef Laguesse, la surface réellement concédée est de . . . . 18,062 »

La surface des concessions superposées est donc de. . . . . . . 11,526 »

J'ajouterai que la contenance totale des terrains qui ne sont ni concédés ni exploités est, pour le Couchant de Mons, de 752 hectares.

CHAPITRE IV.

HISTORIQUE GÉNÉRAL AU POINT DE VUE COMMERCIAL.

DROITS D'ENTRÉE & DE SORTIE DES CHARBONS BELGES EN FRANCE.

GRANDES VOIES DE COMMUNICATION.

CHAPITRE IV.

HISTORIQUE GÉNÉRAL AU POINT DE VUE COMMERCIAL.

DROITS D'ENTRÉE ET DE SORTIE DES CHARBONS BELGES EN FRANCE.

GRANDES VOIES DE COMMUNICATION.

On a vu précédemment, qu'en 1248, il existait d'assez nombreuses exploitations au Couchant de Mons ; c'est qu'à cette époque déjà l'usage de la houille tendait à se généraliser, non seulement dans les localités attenantes aux lieux de production, mais aussi dans les contrées voisines et surtout en France, dans le Tournaisis et dans les Flandres.

En l'absence de route praticable, on songea alors à profiter de la rivière de la Haine, qui traverse de l'Est à l'Ouest les bassins du Centre et du Couchant de Mons et les relie ainsi à l'Escaut où elle se jette à Condé.

Le précieux combustible était porté à *dos, par hottées,* depuis les fosses jusque sur les bords de la Haine ; « il était ensuite chargé dans de petits bateaux construits en bois blanc, appelés « *Querques,* de la charge de 80 muids environ qui descendaient la Haine et entraient dans « l'Escaut à Condé. De là, datent les premiers essais d'un commencement de navigation sur « cette rivière, qui n'était alors qu'un gros ruisseau tortueux et envasé sans barrages ni usines. « Mais bientôt ce ruisseau, labouré, nettoyé par la marche descendante des bateaux chargés, « devenus plus nombreux par l'emploi de tombereaux dits baraux, qui permirent d'amener des « mines de plus grandes quantités de charbons, toujours plus demandés pour la consommation « des populations des rives de l'Escaut, s'élargit, s'approfondit sous les efforts du halage aidé « par le courant et en peu d'années on vit le nombre de ces bateaux s'élever à plusieurs cen- « taines[1] ».

1. *Des voies navigables en Belgique,* par VIFQUAIN, Inspecteur des Ponts et Chaussées. Bruxelles 1842.

Au XVIe siècle, le transport des houilles sur la Haine avait pris une grande importance. « Le
« lit de la rivière allait toujours s'agrandissant sous les efforts des barques, qui, chargées et
« entraînées par le courant des eaux et la traction du halage, en labouraient et nettoyaient inces-
« samment le fond. Bientôt ces barques prenant plus d'enfoncement et des dimensions plus
« grandes en longueur et en largeur, augmentèrent leur charge et devinrent de véritables bateaux
« capables de marcher avec assurance même sur les eaux du Bas-Escaut. Alors (vers 1550) s'é-
« veilla l'attention de l'autorité sur l'importance publique de cette navigation qui attira toute
« sa sollicitude. On vit des écluses à pertuis et à vannes se construire à Jemmapes à Saint-
« Ghislain et à Boussu, et l'on procéda aux premiers essais de cette navigation par rames, si
« puissante et si économique dans le cas spécial de la descente à charge, mode qui se pratique
« toujours avec avantage sur l'Escaut entre Antoing et Gand.

« Dans les premiers temps du XVIIe siècle, la navigation sur l'Escaut, la Haine et la Scarpe
« s'étendait respectivement jusqu'à Cambrai, Jemmapes et Douai ; les États du Cambrésis, du
« Hainaut et d'une partie des Flandres régissaient, réglementaient et maintenaient l'ordre sur
« ces cours d'eau, rendus navigables au moyen de tenures ; la descente des bateaux réunis en
« rames, s'opérait par bonds d'eau lancés chaque semaine, de tenure en tenure, du haut en bas
« du fleuve et des rivières.

« Les navigations, surtout celle de la Haine, servaient presque exclusivement au transport des
« charbons. Les houilles de Jemmapes, de Wasmes et de Boussu s'exportaient par masses con-
« sidérables ; les bateaux descendaient par la Haine jusqu'à l'Escaut dans Condé, d'où ils re-
« montaient ce fleuve et la Scarpe en se dirigeant vers la Picardie, l'Artois, Lille et la Flandre
« Française, points de grande communication, ou bien ils descendaient le fleuve pour porter ce
« précieux combustible, ainsi que la chaux de Tournai, sur les bords de l'Escaut inférieur et
« des canaux et rivières qui y aboutissaient. »

Ce fut une triste période pour notre pays, que celle de la fin du XVIIe siècle. La Belgique
devint encore à cette époque le rendez-vous des armées de l'Europe et dut subir le partage de
son territoire.

Lors du traité de paix, conclu à Nimègue, le 17 septembre 1678, Louis XIV restituait à l'Espagne quelques-unes des places cédées par le traité d'Aix-la-Chapelle (2 mai 1668) ; il recevait
en échange la Franche-Comté, le Cambrésis, Valenciennes, Condé, Bouchain, Aire, Saint-Omer,
Ypres, Wervick, Warneton, Poperinghe, Bailleul, Cassel, Bavai et Maubeuge. Possesseur de
Condé, Louis XIV interrompait la communication directe entre Mons, Tournai, Gand, etc. Ce
fait, d'une extrême gravité pour notre commerce, donna lieu à l'article 16 du traité de Nimègue,
par lequel il fut stipulé que l'on ne pourrait faire payer les droits que sur les marchandises qui
sortant d'une domination entreraient dans une autre pour y être consommées. Mais au mépris de

cet article, le gouvernement imposa bientôt des droits énormes sur chaque bateau transitant à Condé.

Les bateliers de cette ville, se voyant appuyés par l'autorité, élevèrent alors des prétentions exorbitantes et réclamèrent une espéce de monopole dans le tour de file des bateaux. Ces vexations poussées à l'extrême provoquèrent le traité de Crespin du 14 août 1686, approuvé par l'Autriche et la France et qui stipule que « les maîtres bateliers de Mons prendront leur tour « avec ceux du dit Condé, suivant le terme de leur réception à la navigation, pour charger aux rivages de Boussu, Carignon et autres[1]. »

Ces entraves, apportées au commerce, donnèrent l'idée d'un canal partant de la Haine pour aller rejoindre la Dendre vers Ath et provoquèrent la résolution du 19 juin 1683 des Etats du Hainaut. La guerre vint interrompre ce projet.

En 1691, Louis XIV s'était emparé de Mons. Aucun droit ne fut perçu sur les charbons qui en provenaient; mais lorsque, en vertu du traité de Ryswick (20 septembre 1697), cette partie du Hainaut fut rendue à l'Espagne, les fermiers généraux voulurent percevoir, à Condé, ce droit de 30 sols par baril (1 fr. 20 au quintal métrique), imposé par l'arrêt du 3 juillet 1692.

Sur les vives observations des magistrats et des habitants du Hainaut et de la Flandre, le droit de 30 sols fut, par provision, réduit à 10 sols par baril (arrêt du 18 octobre 1698). Après de nouvelles réclamations et sur l'avis des intendants, le droit fut encore réduit à 5 sols par baril (0,1667 par quint. mét.) par arrêt du 21 décembre 1700. Ce droit de 5 sols subsista jusqu'en 1791.

Afin de mieux faire ressortir toutes les causes qui entravaient le développement du commerce des houilles de Mons, il importe aussi d'établir quels étaient les droits de transit des charbons du Hainaut passant à Condé en destination de Tournai, des Flandres et du Brabant[2].

Un premier arrêt du 13 juin 1671 porte un droit de sortie de 2 sols à la wague de 144 lieues.

L'arrêt du 21 décembre 1700 porte à 5 sols par baril le droit d'entrée en France, sans restitution à la sortie.

L'article 12 du traité du 15 mars 1703 entre le gouvernement des Pays-Bas espagnols et le gouvernement de France dit « que les charbons de terre du Hainaut espagnol qui seront déclarés au « bureau de Condé pour passer dans les Pays-Bas espagnols demeureront déchargés du droit « d'entrée de 5 sols par baril porté par l'arrêt du Conseil de France du 21 décembre 1700 ».

Mais aussitôt que les alliés furent maîtres de Gand ainsi que de la plus grande partie des Pays-Bas espagnols, il supprimèrent le droit de 30 sols imposé sur les charbons anglais ; alors on n'eut

---

1. Ce traité, confirmé encore par la loi du 12 juin 1791, ne fut aboli que le 25 juillet 1798.
2. GRARD. Ouvrage cité et ses pièces justificatives au T. III.

plus égard, à Condé, à la convention du 15 mars 1703, en sorte que les charbons de Mons étaient assujettis à de très gros droits pendant que ceux d'Angleterre ne payaient que 2 liards à la wague.

Un arrêt du 27 mars 1714 avait fait « défense de percevoir sur les charbons du Hainaut espa- « gnol, qui passeront par Condé, destinés pour Tournai et autres villes étrangères, d'autres « droits que celui de 2 sols par wague établi à la sortie par le tarif de 1671 avec les 2 sols pour « livre, le tout sans préjudice aux droits sur les charbons destinés pour être consommés dans la « Flandre française ou dans le Hainaut français, lesquels seront perçus en la manière ordinaire ».

La comparaison faite du revenu de cet impôt d'une année, prise depuis le 1er juillet 1713, au produit d'une pareille année, commencée le 1er juillet 1714, établissait une diminution de 18,000 livres: ce fut cette raison, visée dans l'arrêt du 9 novembre 1715, qui fit décider d'en revenir au droit sous forme de transit de 5 sols par baril. L'arrêt du 24 septembre 1716 maintint ce droit.

Le 5 mars 1718, on avait exempté le charbon de Mons de la perception des sols pour livre.

Le roi, revenant enfin sur les arrêts de 1715 et 1716, ordonnna le 8 novembre 1723, qu'il ne serait levé sous forme de transit à Condé, sur les charbons passant de Mons à Tournai par Condé, que 2 sols 6 deniers par baril du poids de marc de 300 livres au lieu de 5 sols, à charge que les dits charbons seraient expédiés par acquit à caution pour en assurer la sortie. Ce dernier droit subsista jusqu'à la révolution, époque à laquelle, augmenté des sols pour livre, il était de 3 sols 9 deniers ou 12 1/2 centimes au quintal métrique.

On voit par ce qui précède combien la cession de la ville de Condé à la France a été, à de certaines époques, fatale à notre commerce.

Deux autres faits devaient encore achever de le ruiner : c'est d'une part en 1706 la suppression du droit de 30 sols par baril sur les charbons anglais entrant dans les Pays-Bas ; c'est ensuite la découverte du charbon dans le Hainaut français à Fresnes en 1720 et à Anzin en 1734.

On lit dans le mémoire manuscrit n° 2024 sur le Hainaut, déjà cité: « que les tribunaux du « pays retentissaient alors des plaintes amères d'un quarante à cinquante mille hommes et « enfants, qui vivaient du commerce de la houille, menacés de succomber sous le poids de la « misère la plus affreuse par la cessation ou du moins par la traite languissante d'une denrée « qui leur fournissait la subsistance et les moyens de supporter les charges de l'État ».

On y lit encore que précédemment il sortait par an pour les communes circonvoisines plus de 300,000 wagues de 144 livres.

L'auteur parle ensuite de frapper les houilles étrangères d'un droit à l'entrée et de creuser un canal de Pommerœul à Antoing pour éviter le parcours par la France.

En 1775, l'architecte Fonson présenta un projet de canal par Ath qui emporta tous les suffrages et le Tiers-État décida qu'un prix de 100,000 florins serait offert à la compagnie qui voudrait exécuter le canal moyennant la concession perpétuelle du péage, mais le Gouvernement laissa l'adresse sans réponse.

A cette époque et malgré les obstacles que notre commerce éprouvait au passage par Condé, la navigation charbonnière de la Haine prenait un grand accroissement. Cette rivière était canalisée sur toute son étendue au moyen de sept écluses établies à Jemmapes, Quaregnon, Saint-Ghislain, Boussu, Dibian, Thulin et aux Sartis. Quatre de ces écluses étaient à poutrelles ; les autres étaient à vannes ; et presque toutes construites par les États du Hainaut. Dans cet état la Haine permettait déjà le passage de bateaux chargeant jusqu'à 4 querques (320 muids ou environ 180 tonneaux), en destination pour Lille et la Flandre. Les grandes demandes de charbons faisaient néanmoins sentir vivement l'insuffisance d'une navigation encore variable et défectueuse, et soumise en outre, comme presque toutes celles du Hainaut, aux caprices despotiques et intéressés des sergents d'eau, qui, par spéculation, favorisaient les usines malgré les plaintes des bateliers et les règlements ; on pensa dès lors pour la première fois à l'établissement d'un canal latéral.

En 1780, on reprit les études du canal de Mons à Ath ; le projet fut présenté cinq ans après par l'ingénieur Lippens et estimé à environ 2,300,000 florins, non compris les acquisitions de terrains, indemnités, etc. Vers la même date on avait fait étudier également un tracé de canal de Bruxelles à Mons ; mais les difficultés politiques de l'époque firent ajourner ces projets.

Quelques années plus tard notre pays devint de nouveau un théâtre de guerre. Le premier choc des armées eut lieu en 1792 à Jemmapes, presqu'au centre de nos établissements charbonniers.

Lorsque revint le calme nous appartenions de nouveau à la France. Cependant, au point de vue de l'industrie charbonnière, c'était d'abord la délivrance des entraves sans nombre qui en empêchaient le développement ; c'était ensuite l'ère des grands travaux d'utilité publique qui devaient avoir une si grande influence sur sa prospérité.

Bientôt en effet le gouvernement de la république s'occupa de divers projets de canaux.

En 1802, l'importante jonction de l'Escaut à l'Oise par Saint-Quentin, fut décidée et, vers la fin de 1810, Paris et les bassins de la Seine étaient en relation directe avec nos exploitations.

La Haine ne pouvait plus suffire aux nombreuses expéditions ; il fallait, lors des pénuries d'eau, près de six semaines pour descendre jusque Condé. On comprit enfin qu'un canal latéral pouvait seul remédier à cette situation et assurer la prospérité de notre bassin houiller.

En 1801, M. Dubois-Dessanzet, ingénieur en chef du département de Jemmapes, fit un premier tracé sur la rive gauche de la Haine depuis Mons jusqu'à Boussu, en se rapprochant le plus possible des lieux de production de charbon ; de Boussu le canal se dirigeait directement sur Condé. Mais le génie militaire de cette ville, influencé, dit-on, par la puissante compagnie d'Anzin, suscita des obstacles à l'exécution de ce projet.

En 1806, M. l'ingénieur en chef Piou, après avoir combattu l'opposition du génie militaire, fit un projet en ligne droite du clocher de Mons sur celui de Condé, sans s'inquiéter de la distance où il le plaçait des houillères ; il ouvrit même un nouveau lit à la Haine, entre ces houillères et le canal, après l'avoir fait passer en syphon sous le plafond de celui-ci près de Mons, comme s'il se fût plu à augmenter les difficultés d'arrivage et de chargement.

Ce tracé fut approuvé le 18 septembre 1807 et mis en exécution le 18 octobre de la même année.

Le 29 avril 1810, Napoléon, accompagné de l'impératrice Marie-Louise, vint visiter les travaux et, après avoir examiné avec soin cette trop belle ligne droite, exprima (assez vivement, paraît-il) le regret que le canal fût ouvert à une si grande distance des exploitations. Le simple coup d'œil d'un homme de génie, tel que l'Empereur, avait mesuré toute l'étendue des sacrifices que l'avenir réservait à notre industrie !

Que de milliers de francs, dépensés pendant 60 ans, on aurait épargnés sans cette faute grave !

Quoiqu'il en soit, le canal de Mons à Condé, qui offre un développement de 17,888 m. en Belgique et de 6,400 m. en France, fut ouvert à la navigation le 19 octobre 1818. Sa largeur est de 10 m. au fond et de 18 à la superficie. Le coût de cet ouvrage s'est élevé à environ 3 millions de francs, non compris les concessions de péages pour l'exécution des écluses françaises. Il avait été confié aux entrepreneurs Honnorez et Thibaut. Les écluses en Belgique, au nombre de cinq, sont placées à Mons (Pont-Canal), à Jemmapes, à Saint-Ghislain, à Boussu et à la Malmaison (commune de Hensies près Pommerœul) ; les deux autres sont situées en France à Thivencelles et à Gœulzin-Condé. La pente de Mons vers l'Escaut est de 11^{m}15. Les écluses ont 5^{m}20 de largeur et 45^m de longueur. Le tirant d'eau est de 1^{m}80. Des bassins pour le stationnement des bateaux et le chargement des marchandises sont établis à Mons, à Jemmapes, à Saint-Ghislain, aux Herbières et à Thulin.

Les bateaux de 30 à 35 m. de longueur sur 4^{m}50 à 4^{m}80 de largeur portent de 180 à 220 tonneaux de grand enfoncement.

Un immense réseau de navigation était plus spécialement, dès lors, en relation avec Mons. En Belgique : Tournai, Gand, Ostende, Anvers, Bruxelles, Louvain, ...; en France : Lille, Dunkerque, Cambrai, Saint-Quentin, La Fère, Compiègne, Paris, Rouen, etc.

L'exécution du canal de Mons à Condé fit naître immédiatement l'idée de compléter sa navigation par sa jonction à la Sambre à partir de Mons. Deux projets furent présentés par M. l'ingénieur en chef Hageau.

L'un par les vallées de la Haine et du Piéton par le Centre, l'autre par le vallon de la Trouille.
Le gouvernement ne donna pas de suite à ces projets, la guerre le préoccupait trop vivement
lorsqu'ils furent présentés.

Aussitôt que l'indépendance des Pays-Bas fut reconquise à Waterloo, la France rétablit le droit
de passage dans Condé, droit qui avait si lourdement pesé, auparavant, sur notre commerce
charbonnier et arrêté si longtemps son développement. Ce droit était d'autant plus oppressif que
notre industrie en avait été affranchie pendant près de vingt ans, aussi l'on vit bientôt naître de
nombreuses réclamations.

Quelque temps après, le gouvernement du roi Guillaume comprit la nécessité de nouvelles
études, en même temps qu'il réclamait du gouvernement français une modification de tarifs.

Deux projets étaient en discussion : vers Ath, par Erbisœul et Lens ; vers Antoing, par Pommerœul et Blaton. M. l'Ingénieur en chef Vifquain, chargé des études avec M. l'Ingénieur Simons,
conclut pour le dernier, qui fut adopté et adjugé le 1ᵉʳ juillet 1815 au sieur P.-J. Nicaise,
déclaré concessionnaire pour un terme de 22 ans.

La Société Générale pour favoriser l'industrie nationale prêta à cette œuvre un généreux
concours en faisant l'avance d'une somme considérable.

Le 26 juin 1826, le canal fut ouvert à la navigation. Il part d'un point situé à 475 mètres en
amont de l'écluse de la Malmaison ou à 3,300 mètres de la frontière, traverse Blaton en tranchée
de 13 mètres de profondeur, passe à droite de Péruwelz, coupe ensuite la montagne de Grand-
Camp, à une profondeur de 25 mètres, puis se dirige vers l'Escaut par la vallée de Péronnes[1].
La longueur du canal est d'environ 25,000 mètres. Ses dimensions, comme celui de Mons à
Condé, sont de 10 mètres de largeur au plafond, 18 mètres à la surface et une profondeur d'eau
de 2 mètres.

Un embranchement du canal de Mons à Condé, connu sous le nom de canal de Caraman, sur
le territoire de Boussu, fut décidé par arrêté du 26 août 1814. Il a 800 mètres de longueur et
présente les mêmes dimensions que celui auquel il se rattache. Il avait été construit spécialement à l'usage des Sociétés du Bois de Boussu et en partie à leurs frais. Depuis la construction
du chemin de fer de Saint-Ghislain, il est abandonné.

Je dois enfin signaler l'existence, depuis 1868, d'un canal de Blaton à Ath qui, partant du canal de Pommerœul à Antoing, rattache notre bassin houiller au canal de la Dendre, d'Ath à
Termonde.

Le droit d'entrée des houilles belges en France fut rétabli en 1815 et fixé par 100 kilog. à

---

1. Le transport des terres provenant des immenses déblais de la tranchée de Grand-Camp se fit par voie ferrée. C'est
une des premières applications des chemins de fer en Belgique.

fr. 0,30, plus le décime. Par la loi du 25 novembre 1837, le droit fut réduit à fr. 0,15 plus le décime.

Par décret du 14 septembre 1852, le droit a été rétabli à fr. 0,30 plus le décime.

Un autre décret du 15 janvier 1853 l'a ramené à fr. 0,15 et le décime.

Un double décime a été ajouté par décret du 16 juillet 1855.

Enfin le décret du 1er mai 1867 fixe le droit, décime compris, à fr. 0,12 par 100 kilog.

Le coke a payé le double droit de la houille jusqu'au décret du 22 novembre 1873, qui l'a réduit de moitié.

Actuellement, on prélève en plus un droit de 10 centimes pour statistique.

Le canal de Mons à Condé est actuellement en relation avec les canaux et les rivières suivants :

1° *En France* :

Escaut.

Canal de Saint-Quentin.

Canal de Crozat.

Canal de jonction de la Fère à Landrecies.

Seine.

Canal de Janville.

Oise.

Basse-Seine.

Aisne canalisée.

Canal des Ardennes.

Embranchements de Vouziers.

Canal de l'Aisne à la Marne et au Rhin.

De Châlons à Cumières.

Canal de Vitry-Français à Saint-Dizier et au-delà.

Meuse.

Canal de la Somme.

Canal de la Sensée.

Scarpe Supérieure.

Scarpe.

Haute Deule.

Basse Deule.

Remonte de la Lys.

La Lys par Aire.

Canaux d'Hazebrouck.

Descente de la Lys.

Canal de Bassée à Aire.

Canal de neuf-Fossé.

L'Aa, canal de Calais.

Embranchement d'Ardres et embranchement de Guines.

La Colme, canal de Bourbourg.

Canal de Furnes à Dunkerque, canal de Roubaix.

2º *En Belgique :*

Canal d'Antoing.

Canal de Blaton, Ath et Termonde.

Escaut.

Canal de Bossuyt à Courtrai.

Descente de la Lys, canal de Roulers.

Remonte de la Lys.

Bas-Escaut.

La Durme, canal de Gand à Bruges.

Canal de Schipdonck à Deynze.

Canal de Bruges à Ostende.

Canal de Bruges à l'Ecluse.

Canal de Willebrouck, canal de Terneuze.

Canal de la Lièvre, canal de Roodenhuyse.

Canal de Louvain, le Rupel.

La Lys en Belgique, canal de Bruges à Nieuport.

Canal de Nieuport à Furnes.

Canal de Furnes à Loos, Yser.

Canal d'Ypres, canal de Dixmude.

Canal de Furnes vers Hondschoote.

Canal d'Espierres.

Voici, pour les principales destinations, le tarif du fret arrêté en juillet 1875 et fixé par 1000 kilog., ayant pour base les prix des localités soulignées :

FRANCE.

Condé,	1,10	Strasbourg,	11,00
Cambrai,	2,00	Châlons,	6,60
Saint-Quentin,	2,80	Saint-Dizier,	7,35

La Fère,	3,40		Amiens,	4,60
Landrecies,	5,90		*Lille*,	2,80
Compiègne,	4,00		Aire,	3,45
Pontoise,	5,40		Saint-Omer.	3,50
Paris-la-Villette,	6,85		Calais,	4,00
Rouen,	7,75		Dunkerque,	4,00
Reims,	6,10		Roubaix,	1,80

BELGIQUE.

Péruwelz,	1,05		Bruges,	3,30
Ath,	1,80		Ostende,	3,55
Termonde,	3,30		Bruxelles,	3,90
Tournai,	1,55		Terneuze,	3,10
Audenarde,	2,30		Louvain,	3,90
Bossuyt,	1,85		Nieuport,	3,70
Courtrai,	2,70		Anvers,	3,60
Gand,	2,80			

Les chemins de fer datent du commencement de ce siècle : notre pays fut un des premiers à les décréter; chacun connaît leur histoire et personne n'ignore l'influence qu'ils ont exercée sur les progrès de l'industrie. Je ne m'étendrai donc pas sur cette question et je me bornerai à rappeler ici quelques dates propres au couchant de Mons.

La première voie ferrée industrielle du bassin de Mons fut réalisée en 1829 par M. Degorge-Legrand, pour relier son charbonnage du Grand-Hornu au canal. Cette importante amélioration, qui avait eu pour résultat de réduire de 150 à 25 le nombre de chevaux employés, en eut un autre fort inattendu, celui de provoquer une émeute des plus graves : le 20 octobre 1830, plusieurs milliers d'ouvriers des villages d'Hornu, Jemmapes, Quaregnon, Wasmes, parmi lesquels les femmes étaient en majorité, détruisirent le chemin de fer et portèrent le pillage dans les ateliers, bureaux, magasins et jusque dans l'habitation même de M. Degorge. Ce fut une destruction complète, mais heureusement les machines furent épargnées. L'honorable M. Rogier, membre du gouvernement provisoire, se rendit sur les lieux le surlendemain matin ; son arrivée inspira une telle crainte que de toutes parts on vit dans l'après-midi une foule de gens, chargés de divers objets, se rendre à l'établissement pour les restituer. D'après des rapports de l'époque, le chiffre de ces restitutions s'est élevé à près de 300,000 fr., et la perte a été évaluée à 500,000 fr.

Quelques années après, le premier train qui circula sur la branche principale du chemin à *ornières en fer* du Haut et Bas-Flénu fut encore salué par les huées de nos populations houillères.

Les chemins de fer du Haut et Bas-Flénu avaient pour objet de rattacher les rivages du canal de Mons à Condé, établis à Jemmapes et à Quaregnon, au centre des charbonnages ; ils furent concédés le 4 septembre 1833 et reçurent successivement de nouvelles extensions.

Les chemins de fer dits de Saint-Ghislain, dont le but était de relier une partie des houillères aux rivages de Saint-Ghislain, furent concédés le 31 mars 1836.

La loi promulguée le 1er mai 1834, avait décrété l'établissement d'un chemin de fer de Bruxelles à la frontière de France, la section de Bruxelles à Mons fut inaugurée en 1841 et celle de Mons à Quiévrain en 1842.

Le 20 juin 1845, fut accordée la concession du chemin de fer de Mons à Manage achevé en 1850 et repris par l'État le 8 juillet 1858.

L'octroi relatif au chemin de fer de Mons à Hautmont porte la date du 15 janvier 1854. En 1856, les concessionnaires de cette voie se fusionnèrent avec ceux des chemins de fer de Saint-Ghislain et créèrent la Société Anonyme des chemins de fer de Mons à Hautmont et de Saint-Ghislain, qui a été autorisée par arrêté royal du 2 mars 1856.

Divers raccordements furent autorisés par les arrêtés en date du 7 avril et du 4 août de la même année. La concession du réseau dit de Hainaut-Flandres et comprenant celle des chemins de fer de Saint-Ghislain à Audenarde par Leuze et Renaix; de Saint-Ghislain à Tournai par Péruwelz; de Saint-Ghislain à Ath, fut donnée le 30 août 1856.

La Compagnie des Bassins-Houillers a été autorisée par arrêté royal du 11 février 1866. Elle reprit successivement diverses lignes et bientôt on la vit opérer des jonctions d'une telle importance que son réseau menaçait de devenir pour celui de l'État-Belge une concurrence sérieuse; c'est vers cette époque qu'elle reprit l'exploitation des lignes du Haut et Bas-Flénu, puis la ligne de Saint-Ghislain qui fut alors séparée de celle de Mons à Hautmont.

Le 1er août de la même année 1866, il était accordé à la Société des chemins de fer du Haut et Bas-Flénu une branche de chemin de fer destinée à raccorder son réseau à la station de Saint-Ghislain, c'était créer la ligne de Frameries à Saint-Ghislain avec service régulier de transport de voyageurs et de marchandises.

Quelque temps après, la Compagnie des Bassins-Houillers reprenait également l'exploitation des chemins de fer de Saint-Ghislain à Audenarde et à Tournay et de Audenarde à Gand, puis celle de Piéton à Binche et à Mons, et grâce aux raccordements qu'elle avait eu le talent de préparer habilement dans les bassins du Centre et de Charleroi sans attirer spécialement l'attention, elle devenait maîtresse d'un service direct de Charleroi à Gand avec des embranchements dans toutes les directions.

En vertu de la loi en date du 3 juin 1870 et de la convention du 25 avril de la même année, l'État-Belge a repris, le 1er janvier 1871, l'exploitation de certains chemins de fer des Bassins-Houillers dont voici la liste avec la longueur fixée dans la convention précitée :

1º Le chemin de fer de Denderleeuw à Courtrai . . . . . 63 kilomètres.

2º Le chemin de fer de Renaix à Courtrai . . . . . . 29 »

3º Le chemin de fer d'Audenarde à Gand . . . . . . 27 »

4º Le chemin de fer de Saint Ghislain à Audenarde et à Tournai . . 83 »

5º Le chemin de fer de Saint-Ghislain avec son prolongement vers Frameries et le chemin de fer de Thuin . . . . 33 »

6º Les chemins de fer formant les concessions du Haut et Bas-Flénu . 66 »

7º Le chemin de fer de Frameries à Chimai avec ses extensions et les chemins de fer des charbonnages du Nord de Charleroi et de Courcelles-Nord. 53 »

8º Les embranchements de la Providence, de Marchiennes (usines) et du charbonnage d'Amercœur à la gare du Monceau . . . . . 11 »

9º Les chemins de fer concédés à la Compagnie du Centre, le raccordement des usines et charbonnages de Strépy-Bracquegnies à la ligne du Centre, le chemin de fer des charbonnages de Monceau-Fontaine et du Martinet et celui des forges et usines de Monceau-sur-Sambre et du charbonnage de Bayemont. 81 »

10º Le chemin de fer de Piéton à Manage et Seneffe . . . . 10 »

11º Les chemins de fer concédés à la Société de la jonction de l'Est . 42 »

12º Les chemins de fer concédés à la Compagnie de Tamines-Landen . 103 »

Ce qui fait ensemble un développement de . . . . . . 601 kilomètres.

C'est à cette époque encore que l'on comprit l'importance de relier les divers réseaux du Haut et du Bas-Flénu et de Saint-Ghislain, de les raccorder directement aux stations de Mons et de Saint-Ghislain et de créer enfin un chemin de fer de Mons à Quiévrain par le Flénu, Pâturages, Wasmes, Dour et Élouges.

La convention du 25 avril 1870, la loi du 3 juin de la même année et l'arrêté royal du 23 juin 1870 sont relatifs à cet objet.

La ligne de Mons à Quiévrain par Dour a été mise en exploitation en 1873.

La dernière ligne concédée au Couchant de Mons a été celle de Saint-Ghislain à Erbisœul (loi du 21 mai 1872, et arrêté royal du 1er mars 1873). Elle avait pour but de diminuer le parcours et d'éviter l'encombrement. Sa mise en exploitation date du 1er mars 1876 pour les marchandises et du 20 mars de la même année pour les voyageurs.

CHAPITRE V.

EMPLOI DES MACHINES A VAPEUR DANS LES MINES.

CHAPITRE V.

EMPLOI DES MACHINES A VAPEUR DANS LES MINES.

§ 1er. — EXHAURE.

L'industrie des mines a été la première à employer les machines à vapeur. On peut même ajouter que c'est en vue d'exhaurer les mines qu'elles ont été inventées.

« Si l'on considère en effet, combien est grand l'obstacle qu'oppose l'eau aux travaux du mi- « neur et combien étaient faibles les moyens employés pour le surmonter, on comprendra faci- « lement que les motifs les plus puissants excitaient à ces recherches [1]. »

Le premier moyen employé pour se débarrasser des eaux consistait en galeries d'écoulement nommées areines à Liége, sewes à Charleroi, conduits à Mons ; mais il ne permettait que l'exploitation de la tranche supérieure de la mine.

On a dû bientôt recourir à d'autres moyens, surtout au Couchant de Mons où le relief du sol est moins prononcé que dans les bassins de Charleroi et de Liége, et l'on fit usage de tines, ou de bacs à eaux, élevées d'abord à bras, puis par chevaux à l'aide d'un manége ; plus tard enfin on employa les pompes mues par les mêmes procédés.

Les galeries d'écoulement étaient néanmoins entretenues, servaient pour démerger les terrains supérieurs et ensuite pour diminuer la hauteur à laquelle il aurait fallu élever les eaux au jour.

Plusieurs de ces conduits qui avaient une grande longueur débouchaient dans le ravin de Wasmes, dans celui de Pâturages, dans celui du Haneton à Dour.

Il existait au borinage un assez grand nombre de ces conduits. Je dois à l'extrême obligeance de M. Gonzalès Descamps, qui a fait, avec une rare patience, le dépouillement de tous les actes du chapitre de Sainte-Waudru et d'une partie de ceux de l'abbaye de Saint-Ghislain, de pouvoir citer les dates de mention des principaux conduits :

---

1. *Mémoire sur l'introduction et l'établissement des machines à vapeur dans le Hainaut*, par ALBERT TOILLIEZ, Ingénieur des mines. Mémoire couronné en 1856 par la Société des Sciences des Arts et des Lettres du Hainaut.

1301 et 1328. (Comptes de la recette générale du chapitre de Sainte-Waudru.) En ces années on restoupa les dits conduits dans les Pâturages de Quaregnon.

1426. Conduit de Cuesmes.

1475. Conduit de la veine Lévêque et des Couteaux.

1509. Conduit du Flénu se jetant dans le Richon. On m'a mentionné l'existence d'une ancienne galerie près du puits N° 19 de la Fosse du Bois. Elle pourrait être l'orifice de ce conduit.

1510. Conduit de la Désirée.

1511. Conduit de Jean dit Griffon de Masnuy, sur Jemmapes.

1512. Grand conduit du Flénu.

1513. Conduit du moulin à vent.

1517. Conduit des Épuisoirs à Frameries.

1526-1528. Conduit de 100 toises fait sur le Flénu par Ansseau Libert.

1535. A partir de cette date on voit dans les comptes des charbonnages de Sainte-Waudru, un article de dépenses pour le grand conduit de Jemmapes et le grand conduit de Frameries. (Le dernier conduit avait été creusé aux frais du chapitre de Sainte-Waudru, de Jean dit Griffon de Masnuy et de ses parchoniers, héritiers des droits de Jean Manart qui était concessionnaire des charbonnages de Frameries et de Jemmapes, par lettre du duc Philippe le Bon de 1454.)

1737. Conduit de Charlot-deux-pouces. L'œil de ce conduit se trouve dans le ravin de Wasmes près du puits N° 8, Bonne-Espérance de l'Escouffiaux. D'après les renseignements d'anciens habitants de la localité, il existait au commencement de ce siècle une conduite en bois le long du ruisseau qui passe à Bonne-Espérance jusqu'à la place Saint-Pierre (bifurcation du ruisseau de Franières et de celui de Colfontaine) et le long de ce dernier jusqu'à près de 500^m plus loin. Elle aurait encore été nettoyée en 1820.

Morand[1] dit que dans le pays de Liége on faisait anciennement usage de moulins à vent pour faire mouvoir les pompes. Il est assez probable que ce moyen aura été employé également au pays de Mons, mais il est certain qu'on y a fait usage de machines hydrauliques inventées par un Liégeois et semblables à celles qui fonctionnaient à Liége et à Marly. Une de ces machines a été montée à Wasmes vers 1690. Voici à ce sujet un intéressant passage extrait d'un manuscrit de 1691[2] qui établit parfaitement la situation critique de nos mines à cette époque.

« La houille ne se tire que dans la partie du Hainaut qui est de la dépendance de Mons depuis « Quiévrain près de Condé, jusque vers Mariemont. Cela fait 7 lieues de longueur et le terrain « et les veines se tiennent environ deux lieues de largeur.

---

1. Loc. citée.

2. *Mémoire ou description de la province de Hainaut* composé par M. l'intendant BERNIERE en l'an 1691. Bibl. de Mons. Manuscrit N° 2025. (Ce mémoire fut rédigé pour Louis XIV.)

« On ne tire le charbon qu'avec un travail fort pénible, il faut creuser dans des puits de 35
« toises de profondeur, la veine des charbons est toujours renfermée entre deux bancs de rocher
« fort durs ; elle n'a jamais plus de 3 à 4 d'épaisseur, lorsque ces ouvriers ont percé les bancs
« de roche qui la couvre, ils sont obligés d'être continuellement sur leurs genouils pour tra-
« vailler et quelquefois couchez sur une épaule, ces veines vont toujours en pente en descendant
« jusqu'à cent cinquante toises de profondeur après quoi elle remontent, à mesure que l'on
« s'enfonce plus avant dans la terre on trouve la houille meilleure, mais l'eau gagne et remplit
« ordinairement les fosses, et comme les paisans qui travaillent aux houillères ne sont pas assez
« riches pour faire les frais de l'épuisement des eaux, cela fait qu'ils ne travaillent que sur une
« première superficie et ne s'attachent aux endroits où la houille paraît plus facile. Ce mauvais
« changement pourrait par une longue succession de temps préjudicier à la province et il serait
« à souhaiter que des personnes plus riches et plus intelligentes s'appliquassent par l'usage des
« machines pareilles à celles dont on se sert dans le pays de Liége à tirer une même fosse tout
« ce qu'il peut y avoir de charbon, il s'est fait depuis deux ans une société d'ouvriers et des
« marchands qui ont établi ce travail sur ce pied, sur le territoire de Wasmes à 2 lieues de
« Mons ; ils ont été obligés de faire une avance de 25,000 livres avant que de tirer aucun profit,
« mais ils en seront récompensés en peu d'années par les charbons qu'ils retirent de la fosse,
« qui est de meilleure qualité, parce qu'ils le prennent à plus de 75 toises de profondeur, ils ne
« craignent pas que l'eau les surmontent et accablent, parce qu'ils ont une machine pour les
« tirer continuellement faite à peu près en petite comme celle de Marly, ils ne sont point en
« risque de voir finir leur travail qu'après qu'ils auront tiré tout le charbon, ce qui va à un fort
« long-temps et au lieu qu'avec les tourniquets à bras, dont se servent les paisans, on ne peut
« tirer que 150 pesant de charbon en plus, ils ont trouvé moyen d'enlever avec un cheval à
« chaque fois 2,500 pesant une fois, de sorte que la première avance une fois faite, le travail
« suit avec bien plus de diligence et à moins de frais. »

Je crois devoir ajouter encore ce passage important au point de vue de la statistique ancienne :

« Il y a actuellement 120 fosses aux houilles ouvertes dont on tire du charbon dans les envi-
« rons de Mons, chaque fosse occupe aux environs 45 personnes, hommes et femmes, ainsi
« il y a toujours plus de 50 mille ouvriers[1] qui subsistent toute l'année de ce travail des
« houillères. »

1. M. Jules Monoyer dans son intéressant *Mémoire sur l'origine et le développement de l'industrie houillère dans le bassin du Centre*, reproduit le dernier passage cité et indique, pages 37 et 124, le chiffre de 5000 au lieu de 50,000. Il semble en effet, au premier abord, qu'il y a erreur puisque 120 bures de 40 à 45 personnes ne donnent qu'un total d'environ 5000 personnes ; mais ce n'était là qu'une faible partie de celles qui vivaient du commerce des houillères. Le

Il résulte d'un autre mémoire sur le Hainaut écrit vers 1755, qu'en vue d'éviter les eaux superficielles de pénétrer dans les travaux « par les ouvertures occasionnées par les affaissements « des terres » « on suivait dans le travail les maximes observées par les anciens et conditionnées « dans les criées, en laissant d'espace en espace des étançons qu'ils appelaient *souliers*, et qu'on « exploite aujourd'hui comme le reste, c'est ce qui est un abus qu'il faut nécessairement empê- « cher et même réprimer ». Les regards sermentés désignaient et déterminaient l'étendue de ces massifs mais, ajoute l'auteur, « le regard moderne au lieu de s'opposer à l'exploitation des « souliers l'a tolérée et peut être favorisée ».

Telle était la situation de nos mines lors de la découverte des machines à vapeur. On comprend dès lors quels immenses services elles étaient appelées à rendre déjà à cette époque. Appliquées à l'épuisement d'abord, on leur donna le nom de pompes à feu.

C'est en 1705 que Newcommen en Angleterre fit la 1re application de la vapeur à l'épuisement des eaux. On s'accorde généralement à admettre que l'introduction des machines d'épuisement a eu lieu vers 1722 pour le pays de Liége. Toilliez [1] donne la date de 1725 pour le Hainaut (Lodelinsart). Grar indique celle de 1732 pour le bassin français (Fresnes).

M. Gendebien, ancien président de la Cour, faisait remonter l'origine des premières pompes à feu de l'arrondissement de Mons à une époque placée entre 1734 et 1740; elles auraient été établies aux charbonnages de la Grande-Veine-l'Évêque et de la Grande-Garde-de-Dieu sur Pâturages. Ce que je puis affirmer, c'est qu'un acte de 1749 mentionne la machine à feu de la Grande-Veine comme ayant déjà été *perfectionnée* à cette époque.

Divers octrois relatifs à des rendages de veines signalent :

1° En 1746, l'existence d'une machine à feu à Boussu ;

2° En 1747, le projet d'établir une machine à feu dans les remises faites à Durieux sur Wasmes et Hornu, et en 1777, le projet d'en construire une seconde ;

3° En 1755, la nécessité de monter une machine à feu au charbonnage de Six-Paulmes sur Wasmes ;

4° En 1764, l'existence d'une semblable machine au charbonnage du Tas sur Warquignies ;

5° En 1769, le projet d'établir une machine à feu à Dour, sur les veines qui dépendent au-

transport du charbon dont une grande partie se faisait anciennement « par chevallées ou par charge d'hommes et de femmes » occupaient un grand nombre d'ouvriers ainsi que le chargement des bateaux, le mesurage, etc. Au surplus le manuscrit N° 2024 déjà cité parle des « plaintes amères d'un 40 à 50 mille hommes et enfants » qui vivaient du commerce de charbon, et page 465, on lit « denrée (houille) qui occupe plus de 50 à 60 mille personnes tant hommes que femmes et enfants ».

1. Ouvrage cité auquel j'emprunte une partie des autres dates.

jourd'hui de la Grande machine à feu de Dour, qui probablement tire son nom de l'établissement de cette machine. En 1772, elle fonctionnait ;

6° En 1772, le projet d'établir une seconde machine à feu à Frameries, sur les veines de Crachet, Pierrain, Bonne-Veine, etc.;

7° En 1778, le projet d'installer une machine à feu sur un groupe de 5 veines dit de l'Agrappe ;

8° En 1778, la construction d'une machine à feu au charbonnage du Grand-Hornu [1].

On a vu précédemment que l'exploitation aux environs de Mons, se faisait pour le compte d'ouvriers, qui ne pouvaient faire les avances de fonds nécessaires pour l'établissement de ces machines nouvelles. C'est alors que des capitalistes firent monter à leurs frais des pompes à feu destinées à épuiser les eaux de divers charbonnages ; les exploitants leur payaient un droit d'exhaure proportionnel à l'extraction du charbon et qui s'élevait parfois jusqu'à $1/_{12}$ du produit.

M. Debehault de Mons fut le premier à inaugurer cette idée ; il acheta en Angleterre une machine complète avec pompes et équipages ; elle commença à fonctionner le 19 juillet 1754.

Voici ce que dit à cette occasion le manuscrit n° 2024 déjà cité : « La machine du Horiau que « vient de construire le sieur Debehault à qui les ouvriers font la reconnaissance d'un tantième « très considérable de leur traite. Il est vrai que cette machine leur est d'une très grande uti- « lité, aussi régulière dans sa construction qu'il y en ait peut-être une dans tout le pays. Posée « précisément au sommet de la montagne elle prend 50 toises de profondeur et doit découvrir « par son travail les veines circonvoisines du Horiau sur laquelle elle est assise. Son activité est « grande, puisque dans une minute elle donne 16 coups de balanciers et ramène 25 pots d'eau « à chaque coup, par conséquent 400 sur une minute et 576,000 en 24 heures. »

Quelque temps après, M. Debehault fit à Liége l'acquisition d'une seconde machine.

Vers la même époque, M. Lequeux, marchand de charbon à Quaregnon, montait en cette commune une pompe à feu pour exhaurer les travaux du charbonnage de la *Fosse-du-Bois*.

La machine de la *Grande-Veine-l'Évêque*, rachetée en 1760, par M. L. Recq et F. Goffint, fut montée au charbonnage du *Grand-Moulin* au Flénu et fonctionna en 1763.

En 1762, les dames Dubreux construisirent une machine à feu pour l'exhaure du charbonnage de *Bonnet et Veine à Mouches*, à Quaregnon. Cette machine et celle de M. Lequeux étant devenues trop faibles pour la profondeur à laquelle les Sociétés de la *Fosse-du-Bois* et de *Bonnet et Veine à Mouches* portaient leurs travaux, ces Sociétés les remplacèrent par deux machines construites, à leurs frais, par M. F. Goffint. La première fut établie en 1774, son cylindre fut changé en 1789. La seconde montée en 1779 eut son cylindre remplacé en 1809 ; son diamètre était de 1^m,41.

1. Toilliez n'a cité aucune de ces machines.

La première pompe à feu du charbonnage des *Produits* fut érigée en 1766 par Ambroise Richebé.

Une machine semblable destinée au charbonnage de Bonnet et Veine à Mouches,sur Jemmapes, fut entreprise en 1769 par MM. Recq et Goffint, et fonctionna en 1772.

En 1771, les machines à feu de M. Debehault étant devenues insuffisantes, on en construisit deux autres.

En 1775, un M. d'Hal monta aussi une machine sur le Flénu. Elle fut achetée plus tard par M. Degheling qui la vendit ensuite aux cinq Sociétés de Sidia, Auflette, Garde-de-Dieu, Fosse-du-Bois et Bonnet sur Jemmapes, qui se réunirent en 1814 sous le nom de Société des Pompes pour exécuter leur exhaure en commun.

La Société de Cache-Après, sur Cuesmes, avait une pompe à feu dès 1778. En 1826, elle construisit sa pompe n° 2 qui vient d'être démontée.

Voici succinctement l'époque de l'érection de la plupart des autres pompes à feu placées dans les charbonnages du Couchant de Mons :

1770 charbonnage de Grisœuil en remplacement de celle de la Grande-Veine-l'Évêque vendue en 1760.

1775	id.	de la Grande-Veine sur Wasmes.
1775	id.	du Midi du Bois de Boussu.
1776	id.	de l'Agrappe sur Frameries.
1778	id.	de Sainte-Croix, Sainte-Claire.
1784	id.	du Grand-Buisson sur Hornu.
1787	id.	du Nord-du-Bois-de-Boussu.
1788	id.	du Grand-Hornu à Hornu.
1794	id.	des Grands et Petits-Tas sur Warquignies.
1795	id.	de Belle et Bonne sur Jemappes.
1804	id.	de l'Escouffiaux sur Hornu.
1805	id.	d'Ostennes sur Jemappes.
1818	id.	de Belle-Vue sur Élouges.

Toutes ces machines étaient du type Newcommen, avec condensation dans l'intérieur du cylindre. Une seule machine du système de Watt à simple effet et à condensation dans un réservoir spécial, existait à cette époque, elle fut montée au charbonnage des Produits par les frères Périer de Chaillot. La supériorité de ce système sur l'ancien était évidente, mais la difficulté d'obtenir une bonne construction dans le pays et celle d'un entretien plus difficile furent les raisons qui les empêchèrent de se répandre et qui, paraît-il, décidèrent la Société des Produits à en revenir au type Newcommen, lorsque en 1818 sa machine devint insuffisante. En 1827, cependant, la Société d'Hornu et Wasmes établit une machine de Watt à simple effet à son puits n° 3 ; elle a été construite par M. Braconnier, à Liége. En 1835, la Société de la Grande-Veine du Bois d'Épinois à Élouges, établit également sur son puits n° 2, une machine de Watt, mais à double effet. Ces deux dernières machines existent encore et ce sont les deux plus anciennes pompes à feu du Couchant de Mons. La première cependant a été modifiée complétement.

Avant de mentionner les principaux perfectionnements qui ont eu lieu vers cette époque pour les machines d'épuisement, il me paraît utile de donner un relevé de toutes celles qui existaient au Couchant de Mons en 1838, dressé d'après divers documents de l'Administration des mines.

RELEVÉ DES MACHINES D'ÉPUISEMENT EXISTANTES EN 1838.

NOMS DES CHARBONNAGES OU DES SOCIÉTÉS.	SYSTÈME DE LA MACHINE.	FORCE EN CHEVAUX NOMINALE.	DATE DU PLACEMENT.	DATE DES MODIFICATIONS.	DATE DE LA SUPPRESSION DÉFINITIVE.
G^{de} Veine du Bois d'Epinois.	Watt à double effet.	100	1835	Existe encore.	
Nord du Bois-de-Boussu, n° 1.	Newcommen.	90	1787	1844	
Midi du Bois-de-Boussu.	id.	»	1775	»	»
Ste Croix-Ste Claire.	id.	128	1778	»	»
G^{de} machine à feu de Dour.	id.	96	1818	»	»
id.	id.	60	1818	1843	1867
Belle-Vue, Audriers.	id.	120	1809	»	1844
Petit-Tas.	id.	73	1797	»	1853
Escouffiaux, n° 1.	id.	64	1806	»	1852
G^d Buisson.	id.	80	1784	»	»
G^d Hornu, mach. n° 2.	id.	91	1797	»	1850
id. mach. n° 1.	id.	175	1825	1842	1861
Hornu et Wasmes.	Watt.	200	1828	Existe encore.	
G^{de} Veine sur Wasmes.	Newcommen.	»	1775	»	»
G^d Griscœuil.	id.	108	»	»	»
G^d Rouillon sur Pâturages.	id.	56	»	»	»
Agrappe, n° 2.	id.	96	1824	»	1846
Rieu-du-Cœur, Renard.	id.	85	»	»	»
id. 12 actions, n° 3.	id.	144	1825	»	1858
La Boule.	id.	200	1828	1843	1869
20 actions, Pompes du Bois.	id.	44	1770	»	1847
id. id. de Bonnet.	id.	80	1780	1840	1858
Ostennes et Crachet.	id.	96	»	»	»
Produits, pompe n° 3.	id.	145	1819	»	1860
Belle et Bonne, n° 21.	id.	200	1832	»	1859
Société des pompes, à Jemmapes.	id.	104	1797	»	1847
	id.	112	1806	»	1847
	id.	122	1818	»	1848
	id.	150	1825	»	1847
Cache-Après, n° 2.	id.	144	1826	»	1851

On voit, d'après ce tableau, qu'en 1838, il existait au Couchant de Mons, 30 machines d'épuisement dont 2 du système de Watt et 28 du système de Newcommen. C'est en 1842, que fut montée la dernière machine de ce genre bien que la condensation se fît dans un réservoir spécial, et dès cette époque on modifia dans ce sens un certain nombre de machine Newcommen. Dans le commencement du siècle actuel, les machines d'épuisement donnèrent lieu à un grand nombre de perfectionnements de détail, dont la plupart nous sont venus d'Angleterre où fut créé le type Cornwall avec soupapes d'admission, jeu de fer, condenseur, cataractes, etc., appliqué aux mines d'étain de ce comté, vers 1830, et introduit en Belgique en 1835. Trois ou 4 machines de ce système furent installées dans le bassin de Mons, je citerai celle du puits n° 5 du Haut du Flénu, du puits n° 22 de la Société des Produits et du n° 4 de Picquery, qui existent encore, quoiqu'elles aient subi divers changements depuis l'époque de leur installation.

Mais la modification la plus grande et la plus importante fut bien certainement celle de l'application du principe de la traction directe aux machines d'épuisement. Le principe était connu depuis longtemps, cependant l'application rationnelle n'avait jamais été faite et c'est à M. le docteur Charles Letoret, de Mons, que revient l'honneur de cette application, en 1837, au puits n° 3 du charbonnage de l'Agrappe à Frameries. Cette machine était imparfaite, c'était un premier essai. Aussi, comme toutes les inventions, celle-ci fut accueillie, dès le début, avec défiance. Ce fut grâce à la persévérance de M. Letoret et aux perfectionnements qu'il apporta, que le principe prévalut quelques années après.

Depuis 1846 toutes les machines d'épuisement au nombre de 18, montées au Couchant de Mons, sont du système à traction directe.

C'est aussi à M. Letoret que l'on doit le système de condenseur qui porte son nom et qui remplace si avantageusement la pompe à air.

Il me paraît encore intéressant de constater qu'en 1828 toutes les machines d'épuisement ne possédaient que des pompes aspirantes et soulevantes, et que c'est M. De Vaux, inspecteur-général des mines, ancien président honoraire de l'association des anciens élèves sortis de l'Ecole de Liége, qui le premier en Belgique, a pris à cette époque, un brevet pour utiliser le poids des tiges au refoulement de l'eau, au moyen de plongeurs ; système aujourd'hui répandu partout.

En terminant ce paragraphe, je ferai remarquer avec feu mon honorable prédécesseur et ami, Toilliez, que si le premier effet de l'usage des pompes à feu dans les mines du Hainaut a été de permettre d'exploiter à une plus grande profondeur qu'on ne pouvait le faire auparavant ; de pouvoir aussi profiter des massifs de houille qu'on avait dû laisser, pour retenir les eaux ; d'épuiser et de reprendre des mines inondées ; elles ont eu également le résultat heureux d'attirer l'esprit d'entreprise et les capitaux dans une industrie qui n'attendait que ce concours pour se développer d'une façon prodigieuse.

La période de transition fut cependant des plus pénibles et occasionna bien des ruines.

Je donne ci-après un tableau indiquant toutes les machines d'épuisement existantes au Couchant de Mons avec les principales données et renseignements qui s'y rattachent.

MACHINES D'ÉPUISEMENT.

DÉSIGNATION		ANNÉE DE PLACEMENT.	SYSTÈME	SYSTÈME	DIMENSIONS DES CYLINDRES ET PISTONS.		PRESSION DE LA VAPEUR EN CENT. CARRÉS.
DES CHARBONNAGES.	DES PUITS.		DE LA MACHINE.	DU CONDENSEUR.	DIAMÈTRE.	COURSE.	
›rnu et Wasmes. [1]	N° 3.	1827	Watt, à balancier, simple effet.	Pompe à air.	2,07	3,40	3,099
›› Veine du Bois-d'Epinois. [1]	N° 2.	1805	id. double effet.	id.	1,03	2,35	0,437
›vant du Flénu. [1]	N° 5.	1844	Cornouailles, bal., simple effet.	id.	2,42	2,62	3,099
›oduits. [1]	N° 22.	1846	id.	id.	2,20	2,80	3,099
›achet-Picquery. [1]	N° 6.	1839	id.	id.	1,82	2,43	2,582
›rappe.	N° 3.	1838	Traction directe, simple effet.	id.	1,00	2,00	3,099
›eu-du-Cœur.	Renard.	1840	id.	Letoret.	1,80	1,80	3,099
›rappe.	N° 2.	1846	id.	id.	1,80	3,00	3,099
›nnet et Veine à-Mouches.	Sᵗᵉ Barbe.	1847	id.	Sans condensation	1,35	2,50	4,132
›nne-Veine.	Sᵗᵉ Hortense.	1851	id.	id.	1,60	2,30	4,132
›vant du Flénu.	N° 2.	1851	id.	Letoret.	),90	3,00	3,615
›couffiaux.	Bonne-Espérance.	1852	id.	Sans condensation	0,90	2,00	3,615
›couffiaux.	N° 1.	1853	id.	Pompe à air.	1,80	3,60	3,099
›is de Boussu.	Vedette.	1855	id.	Letoret.	3,20	3,50	3,099
›isœuil.	N° 10.	1857	id.	Pompe à air.	3,30	4,25	4,132
›sse du Bois.	N° 19.	1858	id.	id.	1,87	2,50	3,099
› Hornu.	N° 2.	1859	id.	2 pompes à air.	2,60	4,00	4,132
›eu-du-Cœur.	Sᵗ Jean-Baptiste.	1862	id.	Letoret.	1,90	1,70	3,099
›lle et Bonne.	N° 26.	1866	id.	id.	2,10	2,60	3,615
›vant du Flénu.	N° 6.	1866	id.	id.	3,20	3,80	3,615
› Buisson.	N° 2.	1867	id.	Pompe à air.	1,85	3,00	4,132
›uchant du Flénu.	N° 6.	1867	id.	Letoret.	2,20	2,50	2,582
›ᵉ Machine à feu de Dour.	N° 1.	1868	id.	id.	1,80	2,50	3,099
id.	Frédéric.	1870	id.	id.	1,63	2,35	3,099
›lle-et-Bonne.	N° 28.	1876	id.	id.	2,70	3,00	4,132

1. La plupart de ces machines ont été modifiées depuis l'époque de leur installation.

§ 2. — EXTRACTION.

L'application de la vapeur à l'extraction de la houille ne se fit que beaucoup plus tard. Watt obtient en 1782 une patente pour sa machine à double effet et basse pression. Cette machine était connue depuis assez longtemps en France, lorsque la première application en fut faite à l'extraction de la houille dans le Hainaut; les deux premières furent montées en 1807 aux charbonnages du Rieu-du-Cœur sur Quaregnon et de Belle-Vue sur Élouges.

« La difficulté de se procurer une quantité d'eau assez grande pour cet objet, autant que
« l'éloignement des ateliers de construction et le haut prix des machines, les empêcha pendant
« quelque temps de se répandre dans les charbonnages du Couchant de Mons. Ce n'est que vers
« 1814, lorsque les travaux d'exploitation y étaient généralement portés à une plus grande
« profondeur, qu'on pensa à employer ces machines dans d'autres charbonnages. Celui du Midi
« du Bois-de-Boussu, ayant un puits placé près du ruisseau du Bois-de-Boussu, en fit construire
« une par M. Clément Dorzée, mécanicien à Boussu. La Société de l'Agrappe fit creuser près
« de sa pompe à feu, une vaste citerne servant de réservoir qui, alimentée par cette pompe, put
« procurer l'eau d'injection nécessaire à une machine semblable fournie par le même construc-
« teur. On en monta également vers ce temps aux charbonnages de Grande-Veine du Bois-
« d'Epinois, sur Elouges; de Grande-Veine sur Wasmes, de Grand-Hornu et de Longterne sur
« Dour. Ces machines étaient construites par des mécaniciens du pays, tels que Henri Dorzée,
« Clément Dorzée, Spineux de Liége qui fit celle du Grand-Hornu. On construisit des conduits
« pour mener l'eau à celles qui se trouvaient éloignées des pompes à feu.

« En 1815, la Société de l'Agrappe devait placer une de ces machines loin de tout cours d'eau
« et de sa pompe à feu, dans un endroit où les puits ne pouvaient fournir assez d'eau pour son
« injection. Elle fit construire, d'après les conseils de M. Delneufcour père, l'un des actionnaires,
« trois réservoirs en maçonnerie, dont l'un fut rempli par l'eau tirée du fond des travaux par
« les cuffats, avant le montage de la machine de rotation. Cette eau eut ainsi le temps de dé-
« poser toutes les matières terreuses qu'elle pouvait tenir en suspension. La machine servit
« ensuite à remplir le second de la même manière et en même temps rejetait dans le troisième,
« l'eau du premier qui avait servi à la condensation de la vapeur. De sorte que par la suite,
« elle pouvait toujours puiser l'eau dans un des réservoirs, la rejeter dans un autre, tandis que
« celle du troisième refroidissait complétement.

« Ce moyen fut adopté dans d'autres charbonnages et ces machines se multiplièrent de plus
« en plus [1]. »

1. Toilliez. Mémoires, etc., loc. citée.

En 1818, les frères Périer montèrent encore une machine d'extraction au n° 10 de Produits, en remplacement d'une machine Newcommen.

« Les machines montées par MM. Périer étaient parfaitement exécutées, mais il n'en était
« pas de même de celles construites dans le pays par des mécaniciens beaucoup moins habiles,
« manquant de bons ouvriers ajusteurs et monteurs, et surtout d'ateliers convenablement orga-
« nisés. Aussi ces dernières exigeaient de fréquentes réparations. Toutes ces machines étaient
« pourvues de chaudières en champignon.

« En 1819, M. Cockerill plaça dans le Hainaut deux machines à double effet de Watt, avec
« balancier en fonte, pour l'extraction de la houille. La première doit avoir été montée au char-
« bonnage de l'Auflette sur Jemmapes, et la seconde à celui de la Barette au Levant de Mons.
« Il en fournit en 1820, aux charbonnages d'Asquillies, des Produits, de la Fosse-du-Bois, du
« Nord du Bois-de-Boussu, et en 1822 et 1823 à celle du Rieu-du-Cœur.

« Ces machines avaient sur les premières machines à rotation un avantage assez important,
« je veux parler de l'emploi d'un balancier unique qui fait mouvoir tout à la fois la manivelle
« de l'arbre du volant et les pistons de la pompe à air et des pompes à l'eau chaude et à l'eau
« froide, ce qui diminuait les frottements et augmentait d'autant la somme d'effet utile. Les
« supports en fonte du balancier donnaient plus de solidité à la machine et les chaudières rec-
« tangulaires exigeaient moins de combustible. Elles étaient en outre parfaitement exécutées.
« Malgré tous leurs avantages, un obstacle s'opposa à ce que M. Cockerill en fournît d'autres aux
« houillères du Couchant de Mons : c'était l'éloignement de ses ateliers.

« C'est avec les machines montées par M. Cockerill que furent apportées dans le Hainaut les
« cordes plates s'enroulant sur elles-mêmes, perfectionnement dont on profita pour les autres
« machines à rotation.

« Un des inconvénients des machines à simple effet pour l'épuisement des eaux, soit de New-
« commen, soit de Watt, était que le poids de tous les équipages des pompes d'œuvre est ajouté
« à celui de la colonne d'eau que la machine doit soulever. Les machines à double effet présen-
« tant l'avantage d'agir également dans les deux alternatives de leur mouvement, on pensa à les
« appliquer à l'épuisement des eaux des mines. Pour cela, un levier aux extrémités duquel
« étaient suspendus deux grands tirants de pompes, reçut un mouvement de va-et-vient par le
« moyen d'une bielle attachée à l'extrémité de la grande bielle qui fait mouvoir la manivelle de
« l'arbre du volant. Ces tirants s'équilibrant, leur poids devient nul pour la machine, dont
« toute la force est alors employée à élever l'eau et à vaincre les frottements.

« M. Cockerill plaça une machine de ce genre au charbonnage de l'Agrappe, en 1820 ; elle
« puisait l'eau à 194^m de profondeur et servait aussi à l'extraction de la houille par un puits
« voisin de celui des pompes. Quand on voulait l'employer à ce dernier usage, on détachait la

« bielle dont il est parlé plus haut, et on faisait engrener un pignon placé sur l'arbre du vo-
« lant avec la roue dentée de l'arbre des bobines, sur lesquelles étaient placées les cordes plates.
  « Mais si l'on fait attention que le mouvement de l'eau dans les pompes aspirantes qu'on
« emploie ordinairement n'est pas continu, puisque l'eau ne monte que pendant l'ascension
« des pistons et qu'elle reste stationnaire pendant leur descente, on verra que ces pistons ont à
« faire un effort considérable chaque fois qu'ils commencent leur mouvement ascensionnel pour
« vaincre la force d'inertie de l'eau et son frottement contre la paroi du corps de pompe. Si on
« remarque en outre que dans les machines à simple effet, qui n'ont pas de volant, il y a tou-
« jours un petit temps d'arrêt avant que les pistons ne se relèvent, quand ils sont arrivés au
« point le plus bas de leur course, et que ce temps d'arrêt ne peut avoir lieu dans une machine
« à double effet, dont le volant rend le mouvement continu, on concevra que la secousse qui
« se fait sentir à chaque impulsion est inévitable. C'est par cette cause qu'on ne peut faire
« longtemps usage de la machine précitée, pour l'épuisement des eaux, parce qu'à tout instant
« il arrivait des dégradations ou des bris dans les équipages des pompes.
  « Vers 1814, la compagnie d'Anzin adopta pour ses houillères la machine à haute pression de
« Woolf, pour laquelle Edwards avait pris en France un brevet d'importation ; on ne peut, je
« pense, citer que trois machines de Woolf destinées au même usage, établies dans le Hai-
« naut. L'une fut montée, en 1817, au charbonnage de l'Escouffiaux, par M. Edwards. Les
« deux autres furent construites pour celui du Grand-Hornu, en 1821, par M. Billard de
« Jemmapes, mais ne purent jamais faire l'effet qu'elles devaient produire relativement à leurs
« dimensions, parce que ces machines par suite de leur complication, étaient mal exécutées.[1] »
  Quant aux machines à haute pression sans condensation du système d'Evans. « La première
« a été placée en 1831 par M. Cochaux, au charbonnage de l'Agrappe. C'est encore ce mécani-
« cien qui a construit la seconde, en 1833, à celui de Bois-du-Luc à Houdeng. On en monta
« une la même année, à celui de Grand-Hornu ; l'année suivante, on en établit à ceux des Pro-
« duits et de Rieu-du-Cœur, et en 1835 deux furent construites à celui de Houssu, sur Haine-
« Saint-Paul. [1] » C'est ce système qui a prédominé. Une statistique de 1838 renseigne 81 machines d'extraction.

  Jusque dans ces derniers temps la question d'économie de combustible avait très peu préoc-
cupé les Directeurs de travaux. On commence actuellement à reconnaître que nos puissantes
machines d'extraction consomment d'énormes quantités de vapeur dont la production est excessivement coûteuse, aussi dans nos nouvelles installations, applique-t-on la détente en attendant
de réemployer la condensation.

[1]. Toilliez. *Mémoires*, etc., loc. citée.

Le tableau ci-joint donne le relevé des machines d'extraction actuellement en usage au Couchant de Mons. J'ai cru d'autant plus nécessaire de donner les dimensions des cylindres, que chacun sait l'énorme disproportion qui existe entre le chiffre indiqué par le calcul théorique et le travail utile produit, c'est ce motif qui m'a fait supprimer la force en chevaux.

DÉSIGNATION		ANNÉE DU PLACEMENT DU MOTEUR.	TIMBRE DE LA PRESSION DANS LES GÉNÉRATEURS.	PISTONS.		NOMBRE
DES MINES.	DES PUITS.			DIAMÈTRE.	COURSE.	
Longterne-Ferrand.	Nº 1.	1868	3	0,65	1,55	
id.	Nº 3, Sᵗᵉ-Odile en avaleresse.	1874	3	0,33	0,60	
Grande-Veine du Bois d'Epinois.	Nº 4.	1876	4	0,90	2,00	
Midi de Dour.	Nº 1, Sainte-Catherine.	1861	3	0,60	2,00	
id.	Nº 2, Saint-Charles.	1862	3	0,75	1,40	
id.	Nº 4.	1874	4	0,30	0,70	
Grande-Machine à feu de Dour.	Nº 1.	1873	3	0,80	2,00	
id.	Frédéric.	1874	3	0,75	1,50	
Grand-Bouillon du Bois de Saint-Ghislain.	Nº 1.	1876	5	0,70	1,80	
id.	Nº 5.	1857	4	0,90	1,80	
Grande-Veine du Bois de Saint-Ghislain.	Nº 3.	1839	5	0,70	1,40	
Charbonnages-Unis de l'Ouest de Mons. — Belle-Vue.	Avaleresse.	1874	4	0,60	1,40	
id.	Nº 2.	1855	3	0,56	2,00	
id.	Nº 6.	1871	5	0,83	1,60	
id.	Nº 7.	1868	3	0,73	1,60	
id.	Nº 8.	1870	3	0,80	1,60	
Bois de Boussu.	Nº 4, Alliance.	1868	4	0,75	1,50	
id.	Nº 5, Sentinelle.	1858	3	0,75	2,00	
id.	Nº 7, Vedette.	1859	3	0,75	2,00	
id.	Nº 9, Saint-Antoine.	1868	3	0,75	1,50	
id.	id.	1876	4	0,75	1,50	
Longterne-Trichères.	Nº 2.	1874	3	0,85	1,70	
Hornu et Wasmes.	Nº 3.	1855	3	0,75	2,00	
id.	Nº 4.	1859	3	0,80	2,00	
id.	Nº 5.	1852	3	0,65	1,50	
id.	Nº 6.	1867	4	0,80	2,00	

RENSEIGNEMENTS.

MACHINE HORIZONTALE OU VERTICALE.	MODE DE TRANSMISSION.	DISTRIBUTION.	DÉTENTE.	SYSTÈME EMPLOYÉ POUR LE CHANGEMENT DE MARCHE.
Horizontale.	Attaque directe.	Tiroirs ordinaires.	Sans détente.	A la main.
Verticale.	id.	id.	id.	id.
id.	id.	Par soupape.	Avec détente.	id.
id.	id.	Tiroirs ordinaires.	Sans détente.	id.
id.	id.	id.	id.	id.
Horizontale.	Par engrenages.	id.	id.	id.
Verticale.	Attaque directe.	id.	id.	id.
Horizontale.	id.	Distribution Corliss.	Détente Bède-Farcot.	Cylindre à vapeur.
Verticale.	id.	Par soupapes.	Détente.	id.
id.	id.	id.	id.	id.
id.	id.	Tiroirs ordinaires.	Sans détente.	À la main.
Horizontale.	Attaque par engrenages.	id.	id.	id.
Verticale.	Balancier et engrenages.	id.	id.	id.
id.	Attaque directe.	Glissière.	Détente Meyer.	id.
id.	id.	Tiroirs ordinaires.	Sans détente.	id.
id.	id.	id.	id.	id.
id.	id.	id.	id.	id.
Horizontale.	id.	id.	id.	id.
id.	id.	id.	id.	id.
Verticale.	id.	id.	id.	id.
id.	id.	id.	id.	id.
Horizontale.	Attaque par engrenages.	id.	id.	id.
id.	Attaque directe.	Tiroirs circulaires Schivre.	id.	id.
id.	id.	id.	id.	id.
id.	Attaque par engrenages.	Tiroirs ordinaires.	id.	id.
Verticale.	Attaque directe.	Tiroirs circulaires Schivre.	id.	id.

DÉSIGNATION		ANNÉE DU PLACEMENT DU MOTEUR.	TIMBRE DE LA PRESSION DANS LES GÉNÉRATEURS.	PISTONS		NOMBRE.
DES MINES.	DES PUITS.			DIAMÈTRE.	COURSE.	
Charbonnages-Belges. { Agrappe.	N° 2, La Cour.	1840	4	0,75	2,00	
id.	N° 3, Grand-Trait.	1859	3	0,70	1,60	
id.	N° 5, Sainte-Caroline.	1874	4	0,75	2,00	
id.	N° 12.	1872	4	0,75	2,00	
Griscœuil.	N° 10.	1859	4	0,60	1,60	
Escouffiaux.	N° 1.	1842	3	0,54	1,80	
id.	N° 7, Saint-Antoine.	1860	4	0,75	2,00	
Charbonnage de Bonne-Espérance.	N° 8.	1840	$3\frac{1}{2}$	0,65	2,00	
Grand-Bouillon sur Pâturages.	N° 1.	1874	5	0,75	1,50	
id.	N° 2, (en avaleresse).	1875	5	0,30	0,60	
id.	N° 2, id.	1875	5	0,35	0,70	
Eugies.	N° 1, Sainte-Mathilde.	1866	4	0,60	1,80	
Bonne-Veine.	Sainte-Hortense.	1866	$3\frac{1}{2}$	0,65	1,80	
Crachet-Picquery.	N° 7.	1865	3	0,73	1,80	
id.	N° 11.	1859	3	0,65	2,00	
id.	N° 12.	1870	4	0,75	2,00	
Grand-Buisson.	N° 1.	1851	4	0,54	1,50	
id.	N° 2.	1867	4	0,70	1,80	
id.	N° 3.	1865	4	0,60	1,80	
Grand-Hornu.	N° 6.	1836	$3\frac{1}{2}$	0,50	1,16	
id.	N° 7.	1875	4	1,00	1,80	
id.	N° 8.	1840	3	0,51	1,44	
id.	N° 9.	1871	$3\frac{1}{2}$	0,61	1,50	
id.	N° 12.	1853	3	0,75	2,15	
Rieu-du-Cœur. { Société Mère.	Avaleresse-Nord.	1869	5	0,50	0,86	
12 Actions.	N° 2.	1861	3	0,65	2,00	
id.	N° 5.	1868	3	0,75	2,00	
16 Actions.	Saint-Félix.	1869	4	0,70	2,00	
24 Actions.	N° 1.	1871	$4\frac{1}{2}$	0,75	2,00	
id.	N° 2.	1866	4	0,70	2,00	
id.	N° 3.	1828	$\frac{1}{4}$	0,76	1,20	
id.	N° 5, Sainte-Caroline.	1858	$3\frac{1}{2}$	0,65	1,50	
Bas-Flénu.	Saint-Amand.	1858	3	0,48	1,20	
id.	Sainte-Julie.	1857	3	0,82	1,60	
Midi du Flénu.	Saint-Placide.	1847	3	0,76	1,80	
id.	Saint-Florent.	1850	3	0,75	1,80	
Bonnet et Veine-à-Mouches.	Sainte-Barbe.	1854	3	0,70	1,80	
Fosse du Bois.	N° 19.	1851	3	0,50	1,40	
Petite-Sorcière.	Modeste.	1869	3	0,50	1,20	
Belle et Bonne.	N° 21, La Cour.	1842	3	0,54	1,80	
id.	N° 26, Gaillet.	1859	$3\frac{1}{2}$	0,65	1,50	
id.	N° 28, Saint-Emmanuel.	1868	4	0,70	2,00	

RENSEIGNEMENTS.

MACHINE HORIZONTALE OU VERTICALE.	MODE DE TRANSMISSION.	DISTRIBUTION.	DÉTENTE.	SYSTÈME EMPLOYÉ POUR LE CHANGEMENT DE MARCHE.
Horizontale.	Attaque directe.	Tiroirs ordinaires.	Sans détente.	A la main.
id.	id.	id.	id.	id.
id.	id.	id.	id.	id.
Verticale.	id.	id.	id.	id.
Horizontale.	id.	id.	id.	id.
Verticale.	Balancier et engrenages.	id.	id.	id.
id.	Attaque directe.	id.	id.	id.
Horizontale.	id.	Glissière.	Détente Meyer.	id.
id.	id.	id.	Détente Audemar.	Cylindre à vapeur.
id.	id.	Tiroirs ordinaires.	Sans détente.	A la main.
id.	id.	id.	id.	id.
Verticale.	id.	id.	id.	id.
id.	id.	id.	id.	id.
id.	id.	id.	id.	id.
Horizontale.	id.	id.	id.	id.
Verticale.	id.	id.	id.	id.
id.	id.	Tiroirs circulaires Schivre.	id.	id.
id.	id.	id.	id.	id.
id.	id.	id.	id.	id.
id.	Balancier et engrenages.	Tiroirs ordinaires.	id.	id.
id.	Attaque directe.	Tiroirs circulaires Schivre.	Détente Audemar.	Cylindre à vapeur.
id.	Balancier et engrenages.	Tiroirs ordinaires.	Sans détente.	A la main.
Horizontale.	Attaque directe.	id.	id.	id.
Verticale.	id.	id.	id.	Cylindre à vapeur.
Horizontale.	Attaque par engrenages.	Tiroirs circulaires Schivre.	id.	A la main.
id.	Attaque directe.	Tiroirs ordinaires.	id.	id.
id.	id.	id.	id.	id.
Verticale.	id.	id.	id.	id.
id.	id.	Tiroirs circulaires Schivre.	id.	id.
id.	id.	Tiroirs ordinaires.	id.	id.
id.	Balancier et engrenages.	id.	id.	id.
id.	Attaque directe.	id.	id.	id.
Horizontale.	Attaque par engrenages.	id.	id.	id.
id.	Attaque directe.	id.	id.	id.
id.	Attaque par engrenages.	id.	id.	id.
id.	id.	id.	id.	id.
Verticale.	Attaque directe.	id.	id.	id.
Horizontale.	id.	id.	id.	id.
id.	id.	id.	id.	id.
Verticale.	Balancier et engrenages.	id.	id.	id.
Horizontale.	Attaque directe.	id.	id.	id.
id.	id.	id.	id.	id.

DÉSIGNATION		ANNÉE DU PLACEMENT DU MOTEUR.	TIMBRE DE LA PRESSION DANS LES GÉNÉRATEURS.	PISTONS.	
DES MINES.	DES PUITS.			DIAMÈTRE.	COURSE.
Produits.	Nº 14, Sentinelle.	1876	$4\frac{1}{4}$	0,60	1,36
id.	Nº 16, Saint-Joseph.	1856	4	0,65	1,60
id.	Nº 18, Sainte-Henriette.	1861	4	0,75	2,00
id.	Nº 20.	1856	3	0,65	2,00
id.	Nº 21.	1857	4	0,65	2,00
id.	Nº 23, Sainte-Félicité.	1867	4	0,83	1,60
id.	Nº 12.	1858	4	0,75	2,00
Levant du Flénu.	Nº 4.	1874	3	0,79	1,50
id.	Nº 14.	1868	4	0,83	1,60
id.	Nº 15.	1859	3	0,75	2,00
id.	Nº 17.	1861	$2\frac{1}{4}$	0,65	2,00
id.	Nº 19.	1859	3	0,75	2,00
Ciply.	Avaleresse.	1862	4	0,36	0,80
Id.	id.	1862	4	0,65	1,60
Bernissart.	Nº 4.	1873	3	0,60	1,80
Id.	Sainte-Barbe.	1873	4	0,60	1,50

RENSEIGNEMENTS.

MACHINE HORIZONTALE OU VERTICALE.	MODE DE TRANSMISSION.	DISTRIBUTION.	DÉTENTE.	SYSTÈME EMPLOYÉ POUR LE CHANGEMENT DE MARCHE.
Verticale.	Balancier et engrenages.	Tiroirs ordinaires.	Sans détente.	A la main.
id.	Attaque directe.	id.	id.	id.
Horizontale.	id.	Glissière.	Détente Scohy.	id.
id.	id.	Tiroirs ordinaires.	Sans détente.	Cylindre à vapeur.
id.	id.	id.	id.	id.
Verticale.	id.	id.	id.	A la main.
Horizontale.	id.	Glissière.	Détente Scohy.	id.
id.	id.	Tiroirs ordinaires.	Sans détente.	Cylindre à vapeur.
Verticale.	id.	id.	id.	A la main.
Horizontale.	id.	id.	Détente Scohy.	id.
id.	id.	id.	Sans détente.	id.
id.	id.	id.	Détente Scohy.	id
id.	id.	id.	Sans détente.	id.
Verticale.	id.	id.	id.	id.
id.	id.	Tiroirs circulaires Schivre.	id.	id.
Horizontale.	Attaque par engrenages.	Tiroirs ordinaires.	id.	id.

§ 3. — VENTILATION DES MINES.

L'eau d'abord, le feu ensuite ont été les premiers moyens employés pour se procurer l'aérage des mines, sans l'intermédiaire d'appareils mécaniques.

Les chutes d'eau et les trompes ont été en usage du temps des Romains et, dans des cas exceptionnels, on les a même employées de nos jours.

Ce moyen, par trop préhistorique, a été remplacé par les foyers d'aérage. Ceux-ci ont subi divers perfectionnements qui ont permis leur emploi pendant longtemps.

J'ai cité dès lors les toques-feux et les foyers d'Anzin.

On a aussi profité des cheminées des machines à vapeur pour aérer les travaux, entr'autres au puits Sainte-Caroline de l'Agrappe. J'aurais dû mentionner avant cela l'usage des cheminées ordinaires ou des tuyaux d'aérage élevés au-dessus du sol.

On a également fait emploi d'injection de vapeur dans les puits. Voici ce qu'on lit à ce sujet dans un mémoire publié par M. Glépin, en 1843 :

« Le mode d'échauffement de l'air par la vapeur d'eau injectée dans les puits d'aérage, déjà « essayé par M. Buddle, dans les mines de Newcastle (en Angleterre), a été appliqué en 1841 à « la fosse n° 2 du charbonnage de l'Agrappe-et-Grisœuil.

« La vapeur était empruntée à l'une des chaudières de la machine d'extraction, et conduite à la « profondeur de 120^m, dans la fosse n° 2, par un tuyau en fonte de 0^m,12 de diamètre, placé « contre l'une des parois de cette fosse et recourbé à sa partie inférieure, de manière à donner « au jet de vapeur une direction ascendante.

« Le courant d'air descendait par le puits aux échelles et le puits d'épuisement attenant à la « fosse n° 2, jusqu'à la profondeur de 299^m, parcourait une galerie ascendante de 106^m de « longueur sur 2^{m2},88 de section, s'élevait ensuite par un puits étroit de 53^m de profondeur, « jusqu'au niveau de 208^m, et venait enfin, à ce niveau, déboucher dans la fosse n° 2, à l'extré-« mité d'une galerie régulière de 88^m de développement sur 2^{m2},44 de section. »

Enfin, on a eu recours aux machines à vapeur et aux appareils mécaniques.

Le premier appareil de ce genre employé en Belgique pour l'aérage des mines, a été la machine pneumatique établie vers la fin de 1829 au charbonnage de la Grande-Veine du Bois de St-Ghislain ; celle du charbonnage de l'Agrappe date de 1830, puis vient celle du Buisson.

Vers 1839, on a monté au puits n° 1 de Sauwartan (Grand-Bouillon du Bois de St-Ghislain), une vis pneumatique du système Motte.

Les petits ventilateurs ordinaires à force centrifuge avaient été employés depuis longtemps déjà, en Allemagne d'abord, en Belgique ensuite, à l'aérage de certaines parties des travaux ; lorsque M. Letoret eut l'idée de leur donner une disposition qui permettait de les appliquer à l'aérage d'une exploitation entière. Il plaçait le ventilateur entre deux murailles ; la communication entre la mine et l'appareil était établie au centre par deux ouvertures circulaires dont le diamètre était en rapport avec celui de l'appareil.

Un double cône très évasé était placé au centre du ventilateur pour éviter le choc des courants. M. Letoret avait aussi primitivement articulé les ailes de façon à leur donner une certaine inclinaison.

Les premiers ventilateurs de ce genre ont été appliqués en 1841 au puits n° 5, Sainte-Caroline, de l'Agrappe ; en 1843, au puits n° 3 du même charbonnage et au puits n° 1 du Grand-Picquery.

Vers la même époque, 1840, on a monté au puits n° 5 du Grand-Hornu le ventilateur de M. Combes.

Le ventilateur Fabry a vu le jour en 1845 et le ventilateur Lemielle en 1850.

Il est à regretter que l'auteur du premier de ces systèmes (Fabry) n'ait pas eu la persévérance de ses concurrents et en particulier celle de M. Lemielle ; il pouvait, en augmentant les dimensions de son appareil et en le modifiant légèrement, lui faire rendre un effet utile aussi grand que le ventilateur Lemielle, sans en avoir tous les inconvénients inhérents à la complication des organes. Il a reçu de très nombreuses applications et a rendu d'immenses services en son temps.

Le ventilateur Lemielle est appliqué dans un grand nombre de charbonnages ; on en compte actuellement 22 au Couchant de Mons. Je n'ai pu me procurer le relevé exact de ces appareils pour la Belgique et les autres pays.

Le premier brevet de M. Guibal date des 9 avril et 3 juin 1858. Avant lui, MM. Letoret et Gallez avaient enveloppé les ventilateurs à force centrifuge ; quoi qu'il en soit, on doit attribuer également à M. Guibal l'honneur d'avoir mieux utilisé pratiquement des systèmes déjà connus.

Le nombre des ventilateurs de son système est considérable ; en voici approximativement le relevé : Angleterre 180, Belgique 85, France 60, Allemagne 30.

On vient d'installer au charbonnage de Crachet-Picquery un grand ventilateur de 12 mètres de diamètre, c'est le troisième de l'espèce ; le premier a été établi en 1868 au charbonnage de l'Espérance à Seraing et le second en 1869 à la mine du Trieu-Kaisin près Charleroi.

Les expériences faites à Crachet-Picquery peuvent se résumer comme suit :

NOMBRE DE TOURS PAR MINUTE.	DÉPRESSION millimètres.	VOLUME D'EAU MÈTRES CUBES.	TRAVAIL UTILE EN AIR EXTRAIT, (chevaux vapeur).
50	83	30,907	34,23
60	118,50	36,437	57,57
76 à 79	189	44,418	111,86

Je n'ai pas ici à rechercher le mérite relatif des divers systèmes et je me suis borné à citer les principaux ventilateurs en usage ; on trouvera ci-après un relevé des appareils d'aérage existant au Couchant de Mons ; cependant, en terminant cette rapide énumération, je crois devoir insister sur ce point que le principal mérite d'un ventilateur est avant tout celui d'une bonne construction.

Que de progrès réalisés depuis 30 ans dans l'aérage de nos mines !

En 1850, l'anémie des houilleurs faisait encore de cruels ravages dans nos populations charbonnières; elle n'existe plus aujourd'hui.

On ne peut du reste mieux juger des progrès réalisés dans les moyens d'aérage qu'en reproduisant l'intéressant tableau dressé par M. l'Ingénieur en chef Laguesse, dans son rapport à la Députation pour l'année 1875 et complété pour 1876.

Les fluctuations de la production ont eu nécessairement une influence assez forte sur les chiffres de ce tableau ; mais leur ensemble accuse un progrès bien marqué. Pour la période décennale, la force en chevaux applicable à l'aérage, pour une même extraction, est pour le Hainaut de 97 p. %, et pour le premier arrondissement (Couchant de Mons), de 122 p. %.

ANNÉES.	FORCE EN CHEVAUX CONSACRÉE A L'AÉRAGE PAR 10000 TONNES DE CHARBON EXTRAITES.				
	1er ARRONDISSEMENT Mons.	2e ARRONDISSEMENT Charleroi.	3e ARRONDISSEMENT Centre.	HAINAUT.	BELGIQUE.
1866	5,05	5,87	4,29	5,17	3,97
1867	5,86	6,19	5,09	5,79	4,96
1868	7,51	6,96	6,40	7,00	6,04
1869	7,75	6.75	6,73	7,09	6,11
1870	7,25	7,03	6,85	7,06	6,01
1871	7,94	7,75	6,66	7,53	6,27
1872	6,78	6,73	5,96	6,54	5,65
1873	7,75	6,82	7,09	7,22	6,17
1874	10,39	8,27	7,70	8,85	7,42
1875	10,50	9,22	7,87	9,28	7,79
1876	11,21	10,50	8,67	10,20	8,59

Je donne ci-après un tableau indiquant les appareils de ventilation en usage actuellement au Couchant de Mons.

DÉSIGNATION		ANNÉE DE PLACEMENT
DES MINES.	DES PUITS.	
Longterne-Ferrand.	Nº 1.	1862
id.	Nº 1.	1863
Grande-Veine du Bois d'Epinois.	Nº 1.	1850
id.	Nº 4.	1840
Midi de Dour.	Nº 1.	1868
id.	Nº 2.	1873
Grande-Machine à feu de Dour.	Nº 1.	1874
id.	Frédéric.	1874
Grand-Bouillon et des Chevalières du Bois de Saint-Ghislain. { Grand-Bouillon du Bois de Saint-Ghislain.	Nº 1.	1874
id.	Nº 5.	1874
Grande-Veine du Bois de Saint-Ghislain.	Nº 3.	1873
Belle-Vue.	Nº 2.	1852
id.	Nº 6.	1848
id.	Nº 7.	1866
id.	Nº 7.	1866
id.	Nº 8.	1866
id.	Nº 8.	1874
id.	Nº 12, Baisieux.	1876
Bois de Boussu.	Nº 4, Alliance.	1855
id.	Nº 13.	1865
id.	Nº 5, Sentinelle.	1868
id.	Nº 5, Sentinelle.	1868
id.	Nº 7, Vedette.	1868
id.	Nº 7, Vedette.	1868
id.	Nº 9, Saint-Antoine.	1871
Longterne-Trichères.	Nº 2.	1874
Hornu et Wasmes.	Nº 3.	1868
id.	Nº 3.	1873
id.	Nº 3.	1876
id.	Nº 5.	1858
id.	Nº 6.	1866

Charbonnages-Unis de l'Ouest de Mons.

DÉSIGNATION DU SYSTÈME DE VENTILATEUR.	DIMENSIONS.		MODE DE TRANSMISSION DU MOTEUR A L'APPAREIL DE VENTILATION.	OBSERVATIONS.
	DIAMÈTRE.	LONGUEUR OU HAUTEUR.		
Fabry.	2,10	2,77	Engrenages.	
Force centrifuge ordinaire.	7,00	2,00	Poulies et courroies.	En réserve.
Letoret.	4,50	1,50	id.	200 t. par minute en marche norm.
id.	2,80	1,25	id.	226 t. par minute en marche norm.
Force centrifuge ordinaire.	9,00	1,90	Directe.	
id.	9,00	1,90	id.	
Lambert.	8,00	2,00	id.	
Guibal.	9,00	2,00	id.	
id.	9,00	2,00	id.	
id.	9,00	2,00	id.	
id.	9,00	2,00	id.	
Force centrifuge ord. non enveloppé.	4,00	2,00	id.	
id. enveloppé.	7,00	1,50	id.	
id. id.	7,00	1,50	id.	
id. id.	7,00	1,50	id.	En réserve.
Force centrifuge ordinaire.	7,00	2,00	id.	id.
id.	9,00	2,00	Engrenages.	
id.	9,00	2,00	id.	
Lemielle.	4,00	2,50	Directe.	En réserve.
id.	7,00	5,00	id.	
id.	7,00	5,00	id.	En réserve.
id.	7,00	5,00	id.	
id.	7,00	5,00	id.	En réserve.
id.	7,00	5,00	id.	
id.	7,00	5,00	id.	
id.	3,50	5,00	id.	
Force centrifuge enveloppé.	6,00	1,67	Poulies et courroies.	70 t. par minute en marche norm.
id.	9,00	2,00	Engrenages.	60 id.
id.	9,00	2,00	id.	60 id.
id.	3,00	1,50	Poulies et courroies.	140 id.
id.	7,00	1,80	Directe.	75 id.

DÉSIGNATION		ANNÉE DE PLACEMENT.
DES MINES.	DES PUITS.	
Hornu et Wasmes.	N° 6.	1875
id.	N° 6.	1873
Charbonnages-Belges. { Agrappe.	N° 2, La Cour.	1848
id.	N° 3, Grand-Trait.	1860
id.	N° 3, Grand-Trait.	1876
id.	N° 4.	1862
id.	N° 5, Sainte-Caroline.	1841
id.	N° 12.	1877
Grisœuil.	N° 10.	1859
id.	N° 10.	1859
Escouffiaux.	N° 1.	1856
id.	N° 7, Saint-Antoine.	1863
Charbonnage de Bonne-Espérance. Forfait de l'Escouffiaux.	N° 8, Bonne-Espérance.	1869
	N° 8, Bonne-Espérance.	1874
Grand-Bouillon sur Pâturages.	N° 1.	1876
Eugies.	Sainte-Mathilde.	1867
Bonne-Veine.	Sainte-Hortense.	1874
id.	Sainte-Hortense.	1852
Crachet-Picquery.	Siége de ventilation. { N° 7.	1874
id.	N° 7.	1856
id.	N° 12.	1866
id.	N° 11.	1877
Grand-Buisson.	N° 1.	1850
id.	N° 1.	1866
id.	N° 2.	1851
id.	N° 2.	1867
id.	N° 3.	1850
id.	N° 3.	1866
Grand-Hornu.	N° 6.	1856
id.	N° 7.	1876
id.	N° 12.	1873
Rieu-du-Cœur. { Société Mère.	Avaleresse.	1874
12 Actions.	N° 1.	1875
id.	N° 5.	1864
16 Actions.	Saint-Félix.	1869
id.	id.	1859
24 Actions.	N° 1.	1856
id.	N° 2.	1873
id.	N° 5, Sainte-Caroline.	1850
id.	N° 5, Sainte-Caroline.	1870
Bas-Flénu.	Saint-Amand.	1869
id.	Sainte-Julie.	1857
Midi du Flénu.	Saint-Florent.	1873
id.	Sainte-Thérèse.	1861
id.	id.	1866

DÉSIGNATION DU SYSTÈME DE VENTILATEUR.	DIMENSIONS.		MODE DE TRANSMISSION DU MOTEUR A L'APPAREIL DE VENTILATION.	OBSERVATIONS.	
	DIAMÈTRE.	LONGUEUR OU HAUTEUR.			
Force centrifuge enveloppé.	9,00	2,00	Engrenages.	68 t. par minute en marche norm.	
id.	9,00	2,00	id.	68	id.
id.	4,00	1,30	Poulies et courroies.	188 à 200	id.
id.	4,50	1,30	id.	150	id.
id.	6,00	1,50	id.	100	id.
id.	4,50	1,30	id.		
id.	4,00	1,30	id.	160	id.
id.	6,00	1,50	id.	150	id.
id.	4,50	1,30	id.	150	id.
id.	4,50	1,30	id.	150	id.
id.	5,00	1,35	id.	160	id.
id.	10,00	1,00	Directe.		
Guibal.	5,00	1,30	Poulies et courroies.	En réserve.	
Lemielle.	4,50	7,20	Directe.		
Guibal.	9,00	1,75	id.		
Force centrifuge enveloppé.	5,00	1,50	Poulies et courroies.		
Lemielle.	4,50	7,00	Directe.		
Force centrifuge ordinaire.	6,00	1,50	Poulies et courroies.	En réserve.	
Lemielle.	5,00	7,00	id.		
Guibal.	7,00	1,70	id.	En réserve.	
id.	7,00	1,70	id.		
id.	12,00	2,50	id.		
Fabry.	3,30	2,00	Engrenages.	En réserve.	
Guibal.	7,00	1,67	Directe.		
Fabry.	3,30	2,00	Engrenages.	En réserve.	
Guibal.	9,00	1,97	Directe.		
Fabry.	3,30	2,00	Engrenages.	En réserve.	
Guibal.	7,00	1,67	Directe.		
Fabry.	3,30	3,00	Engrenages.		
Lemielle.	7,00	5,00	Directe.		
id.	7,00	5,00	id.		
Force centrifuge enveloppé.	9,00	2,00	id.		
Guibal.	9,00	2,00	id.		
Force centrifuge enveloppé.	7,00	2,00	id.		
id.	9,25	2,00	id.		
id.	5,00	1,70	Poulies et courroies.		
Fabry.	3,40	3,00	Engrenages.		
Lemielle.	5,00	7,00	Directe.		
Force centrifuge ordinaire.	4,00	1,50	Poulies et courroies.		
Lemielle.	5,00	7,00	Directe.		
Guibal.	9,70	1,65	id.		
Lemielle.	3,00	2,50	id.	En réserve.	
Force centrifuge ordinaire.	2,20	1,00	Poulies et courroies.		
Guibal.	7,00	1,93	Directe.		
Letoret.	5,47	1,20	Poulies et courroies.		

DESIGNATION		ANNÉE DE PLACEMENT
DES MINES.	DES PUITS.	
Bonnet et Veine-à-Mouches.	Sainte-Barbe.	1855
Fosse du Bois.	N° 19.	1856
Petite-Sorcière.	N° 2.	1872
Belle et Bonne.	N° 21, La Cour.	1856
id.	N° 26, Gaillet.	1860
id.	N° 28, Saint-Emmanuel.	1874
Produits.	N° 10.	1860
id.	N° 11, Sainte-Barbe.	1874
id.	N° 11, Sainte-Barbe.	1874
id.	N° 11, Sainte-Barbe.	1868
id.	N° 12, Saint-Louis.	1859
id.	N° 14, Sentinelle.	1860
id.	N° 16, Saint-Joseph.	1875
id.	N° 18, Sainte-Henriette.	1867
id.	N° 20.	1864
id.	N° 22.	1873
Levant du Flénu.	N° 14.	1869
id.	N° 15.	1872
id.	N° 19.	1868
id.	N° 19.	1870
Ciply.	Avaleresse.	1870
Blaton.	Puits Négresse.	»
id.	N° 5.	»

Siége spécial de ventilation : N° 10, N° 11 Sainte-Barbe, N° 11 Sainte-Barbe, N° 11 Sainte-Barbe.

DÉSIGNATION	DIMENSIONS.		MODE DE TRANSMISSION	OBSERVATIONS.
DU SYSTÈME DE VENTILATEUR.	DIAMÈTRE.	LONGUEUR OU HAUTEUR.	DU MOTEUR A L'APPAREIL DE VENTILATION.	
Lemielle.	2,70	2,15	Directe.	
id.	2,70	2,15	id.	
Force centrifuge enveloppé.	3,00	1,40	Poulies et courroies.	
Lemielle.	3,00	2,50	Directe.	
Guibal.	7,00	2,00	id.	
id.	9,00	2,00	id.	
Force centrifuge ordinaire.	4,50	2,00	Poulies et courroies.	En réserve.
Letoret.	9,00	2,00	Engrenages.	
Guibal.	9,00	2,00	Directe.	
Lemielle.	4,26	7,00	id.	En réserve.
Fabry.	3,20	3,00	Engrenages.	id.
Letoret.	9,00	1,20	Poulies et courroies.	id.
Force centrifuge enveloppé.	9,00	1,80	Engrenages.	
Lemielle.	5,40	5,00	Directe.	En réserve.
Letoret.	9,00	2,00	id.	
id.	9,00	1,20	id.	En réserve.
Force centrifuge enveloppé.	7,00	1,80	Engrenages.	
Guibal.	9,00	2,00	Directe.	
id.	9,00	2,00	id.	
Lemielle.	7,00	5,00	id.	
Force centrifuge ordinaire.	5,00	0,75	id.	
Fabry.	1,65	3,00	Engrenages.	
Force centrifuge ordinaire.	7,00	1,70	Directe.	

9

Je ne puis aborder l'énumération des nombreuses applications de la vapeur aux mines, son emploi à l'intérieur présentait de si grands inconvénients qu'on lui a substitué l'air comprimé, dont l'emploi, par suite des récents perfectionnements, est appelé à transformer l'art des mines.

Je résume dans le tableau ci-dessous les appareils de ce genre en activité au Couchant de Mons.

MACHINES A COMPRIMER L'AIR.

DÉSIGNATION DES CHARBONNAGES	DES PUITS.	ANNÉE DE L'INSTALLATION.	TIMBRE DES CHAUDIÈRES.	MOTEURS						COMPRESSEURS	
				SYSTÈME.	NOMBRE DE CYLINDRES.	DIAMÈTRE DU CYLINDRE.	COURSE DU PISTON.	DÉTENTE SYSTÈME.	MODE D'ACTION.	SYSTÈME.	DIAMÈTRE.
Griscœuil.	Nº 10	1865	4	horizontale.	1	0,70	1,44	sans détente	directe	piston sec double effet.	0,51
Agrappe.	Nº 3	1871	4	id.	1	0,85	1,20	dét. Meyer	id.	id.	0,51
Bois-de-Boussu.	Nº 4	1874	3	id.	2	0,45	1,20	détente	id.	pistons à colonne d'eau.	0,45
id.	Nº 5	id.	3	id.	2	0,45	1,20	détente	id.	id.	0,45
Produits.	Nº 20	1875	3	id.	2	0,55	1,20	dét. Meyer	id.	id.	0,45
Rieu-du-Cœur. (24 actions.) [1]	Nº 1	1876	4 1/2	verticale à balancier.	1	0,68	1,80	sans détente	par bielles	id.	0,70
Bonne-Espérance.	Nº 8	id.	3 1/2	horizontale.	2	0,35	0,75	dét. Kraft	directe	id.	0,35
Crachet-Picquery.	Nº 7	id.	4	id.	1	0,70	1,20	dét. Meyer	engrenages	id.	0,50
Levant du Flénu.	Nº 19	1877	5	verticale.	2	0,43	1,00	id.	directe	cylindre avec injection d'eau pulvérisée.	0,60

1. Ancienne machine d'extraction.

PARTIE DESCRIPTIVE.

CHAPITRE I.

TERRAINS DE RECOUVREMENT DU BASSIN HOUILLER.

CHAPITRE I.

TERRAINS DE RECOUVREMENT DU BASSIN HOUILLER.

§ 1er.

RELIEF DU SOL PRIMAIRE.

Avant de faire connaître la composition des terrains qui recouvrent presque complétement le bassin houiller de Mons et du Centre, j'ai cru nécessaire de donner un aperçu général de la configuration du sol primaire sous-jacent.

On sait que les terrains dévonien et carbonifère des environs de Mons sont, en majeure partie, recouverts par des dépôts crétacé, tertiaire et quaternaire de date beaucoup plus récente ; mais il importe surtout de constater que les terrains pernéen ou permien, triasique et jurassique, de formation intermédiaire, manquent totalement dans notre province. Il résulte de cette lacune que pendant la longue suite de siècles qu'il a fallu à ces terrains pour se déposer ailleurs, nos roches paléozoïques étaient émergées et exposées à tous les ravages des météores atmosphériques. « Leur surface ravinée, le nivellement des rides du terrain dévonien par l'enlèvement des « couches de schistes condrusien et même du calcaire, qui formaient le sommet des plis, la dis- « position de la partie dressée ou pliée de beaucoup de couches de houille avec celles de « schistes et de grès qui les enveloppaient, montrent assez quelle a été l'importance de ces « ravages.

« Une profonde vallée a notamment été creusée alors dans la bande houillère dont l'érosion « avait sans doute été déterminée par le relèvement des bords de cette bande et par celui des « terrains plus anciens qui leur sont parallèles. »

1. *Notice géologique et statistique sur les carrières du Hainaut*, par ALBERT TOILLIEZ, ingénieur du 1er arrondissement des mines. 1858.

Cette vallée prend naissance au-delà de Mont-Ste-Aldegonde, à 22 kilomètres environ à l'Est de Mons , elle est assez étroite à son origine et sa pente est d'abord très faible, mais en regard des villages de Ressaix et de Haine-St-Paul elle prend plus d'extension et offre une pente assez forte; elle passe ensuite à Saint-Vaast, à Péronnes où sa largeur dépasse déjà 7000 mètres et sa profondeur 200 mètres au thalweg. Elle suit d'une manière générale, la direction Est-Ouest de la bande houillère comme aussi celle de la vallée hydrographique de la Haine en se dirigeant vers Mons, St-Ghislain et la frontière. Là elle s'élargit brusquement et s'épanche dans le grand bassin crétacé français en diminuant bientôt de profondeur ; l'affleurement du terrain crétacé se reporte surtout rapidement au Midi suivant les vallées de l'Honelle et de l'Honeau, et les terrains primaires disparaissent sous les couches qui les recouvrent.

M. Albert Toilliez et d'autres auteurs avaient cru à l'existence d'une vallée transversale principale correspondant au cours inférieur de la Trouille et à celui du ruisseau d'Harveng et de ses affluents, qui pénétrait en Belgique au Midi d'Havay ; mais des faits récents, tels que la rencontre du houiller et du dévonien à des profondeurs relativement peu importantes, me portent à croire qu'il n'y existe, en réalité, qu'un assez vaste épanchement du terrain crétacé que la carte géologique de Dumont fait bien ressortir et qui se prolonge jusqu'à Maubeuge.

Cet épanchement cependant se relie vers Asquillies avec une dépression principale sous forme de golfe ouvert à l'Est et dans laquelle se voit la série la plus complète des terrains de recouvrement de notre bassin ; Mons paraît en être le centre. (Voir la carte du relief du sol primaire).

L'affleurement du rabot se remarque en effet à Asquillies, il passe à Genly, on le retrouve contre la gare de Frameries ; il remonte ensuite au Nord pour laisser un peu à l'Ouest le nouveau puits N° 25 et le puits N° 16 de la société des Produits ; il passe au Sud du puits N° 21 de la même société et se dirige au Nord-Ouest jusqu'en regard et au Sud du puits avaleresse N° 24 des Produits. Il contourne la colline du Flénu ¡qui se présente comme une presqu'île et sépare le golfe dont je viens de parler d'une seconde dépression qui s'étend sous la commune de Quaregnon et dont la concavité est tournée à l'Ouest. De ce côté, l'affleurement du rabot descend au Sud, parallèlement au pavé du mayeur Danneau, puis forme une courbe très prononcée en passant près des ateliers de la société des Produits et vers l'angle formé par les communes de Quaregnon, Jemmapes et La Bouverie ; il redescend encore pour revenir alors au Nord du clocher de Pâturages et se diriger vers la station de Wasmes.

L'affleurement du rabot passe ensuite entre le puits N° 3 du Grand-Buisson et le N° 6 d'Hornu et Wasmes, puis au Nord des fosses N° 2 et N° 1 du même charbonnage du Buisson et à proximité des puits N° 5 (Sentinelle) et N° 7 (Vedette) du Bois de Boussu, pour se diriger un peu au Sud de l'avaleresse dite du St-Homme de Belle-Vue. En cet endroit, se forme comme un promontoire d'autant plus accentué que le rabot retourne brusquement au Sud-Est en suivant à peu près le ruisseau Delval. Un nouveau golfe se dessine, c'est celui d'Élouges ; le rabot, en effet, revient au Sud vers la station de Dour, passe à Élouges-Monceau, puis un peu au Sud du puits N° 1 de Longterne-Ferrand, de là, vers Baisieux qu'il laisse à l'Ouest pour retourner de nouveau au Sud dans le grand bassin crétacé français.

La vallée houillère offre des limites assez variables suivant les niveaux auxquels on en rapporte les bords.

Il m'a paru utile d'en rechercher l'allure générale à différents niveaux, à celui de la mer, puis à 100 mètres et à 200 mètres en-dessous. C'est en combinant les résultats de tous les sondages et de tous les puits que je suis parvenu à tracer la carte du relief du sol primaire, mais je le répète, elle ne donne que l'allure générale, abstraction faite de toutes les sinuosités que des reconnaissances ultérieures pourraient seules faire connaître.

Si l'on considère d'abord la courbe qu'affectent les terrains primaires au niveau de la mer, on observera en premier lieu que le contact se fait presque partout sous le terrain crétacé ; on remarquera aussi qu'elle suit assez parallèlement la ligne de l'affleurement du rabot décrite ci-dessus et figurée sur ma carte.

La ligne Sud du contact au niveau de la mer des terrains primaires avec le terrain crétacé en partant du puits S^te.-Marie ou N° 2 du charbonnage de Péronnes, se dirige vers Estinnes-au-Val qu'elle laisse au Nord, elle passe au puits N° 2 de la société du Levant de Mons, puis à mi-distance des villages de Nouvelles et d'Asquillies et un peu au Sud des puits de la société du Midi de Mons (Ciply) ; elle fait ensuite une grande courbe qui correspond à la cuve de Mons ; elle remonte au Nord en passant entre les puits N° 14 et N° 15 du Levant du Flénu et un peu à l'Est et au Nord des puits N° 19 et N° 4 de la même société ; elle passe près du puits N° 24 des Produits et des avaleresses du Rieu-du-Cœur d'où elle retourne brusquement au Midi pour former la cuve de Quaregnon en passant près des fosses N° 2 des 12 Actions ; de là, la ligne se dirige vers l'ancien puits dit niveau de Belle-et-Bonne, au Nord de la fosse N° 2 des 24 Actions ; elle passe près du puits N° 5 d'Hornu et Wasmes et un peu au Nord des puits N° 3 et N° 6 de la même société pour se diriger vers la station d'Hornu-Warquignies. Entre ce point et la fosse du St-Homme on ne peut la déterminer, mais elle doit passer beaucoup au Nord du puits Balant figuré sur ma carte des concessions. Après avoir contourné la fosse du St-Homme, elle revient encore au Midi en passant non loin à l'Ouest de la fosse des Grands-Arbres et d'un sondage près du puits Magotte ; elle forme, parallèlement à l'affleurement du rabot, une forte courbe pour se diriger un peu au Nord de la station d'Élouges et du puits N° 12 de Belle-Vue, d'où elle oblique de nouveau au Sud-Ouest en laissant Baisieux à l'Ouest.

Vers le milieu de la grande cuve de Quaregnon, Wasmes et Hornu, se trouve un îlot correspondant comme position à l'établissement du Grand-Hornu entre les puits N° 3 et N° 7 de cette société. Ce bombement du terrain houiller s'élève jusqu'à la cote de 18 mètres sous le niveau de la mer. Il est séparé de Wasmes par une vallée qui plonge rapidement au Nord-Ouest vers Boussu ; un forage dans cette direction, non loin de l'ancien lit de la Haine, n'a atteint le terrain houiller qu'à la profondeur de 318^m sous le sol, soit 296^m sous la mer.

Les sondages faits dans la partie Nord de la grande vallée houillère ne sont pas assez nombreux pour déterminer les dépressions secondaires qui peuvent s'y présenter, mais la limite Nord paraît cependant moins accidentée que la limite Sud et semble suivre assez parallèlement les affleurements du terrain houiller.

Ma carte donne également l'allure probable du terrain houiller en certains points par rapport aux niveaux de 100 et de 200 mètres sous la mer. En dehors de ces points j'ai indiqué, tant sur le plan général des concessions que sur la carte du relief du sol primaire, la position des sondages qui ont réussi à traverser complétement les morts terrains, avec indication de la profondeur sous le niveau de la mer. On y verra que, d'après le résultat de quelques forages, on pourrait inférer qu'un relèvement du terrain houiller se présente encore vers le point de rencontre des canaux de Mons à Condé et de Pommerœul à Antoing où l'un d'eux l'aurait atteint à 119^m sous la mer.

On n'a que peu de données relativement au maximum de profondeur de la vallée houillère que je viens de décrire.

On sait seulement que le sondage Camus N° 2, situé à 1700 mètres environ au Sud du clocher de Ville-Pommerœul, a été abandonné dans les sables *aacheniens* à la profondeur de 336 mètres sous le sol ou 314 mètres sous la mer, et que le sondage des Wartons, exécuté à 1300 mètres au nord du cimetière de Mons, a atteint le terrain houiller à 310 mètres sous le niveau de la mer ; mais la pente rapide que l'on constate en certains points du golfe de Mons fait prévoir qu'à proximité de la ville, l'épaisseur du mort-terrain est beaucoup plus considérable encore à moins d'un relèvement que rien n'indique.

§ 2.

COMPOSITION DES MORTS-TERRAINS.

Après les érosions considérables qui ont donné à la surface de nos terrains primaires sa configuration actuelle, les eaux de la mer ont repris possession de notre province et y ont déposé sur le terrain houiller une série assez complexe de couches crétacées et tertiaires que les mineurs confondent sous le nom général de morts-terrains. Je vais donner sommairement leur composition dans la partie du bassin qui nous occupe.

En ce qui concerne le terrain crétacé, et pour plus de clarté, je suivrai la classification en six étages proposée par MM. Cornet et Briart lors de la réunion à Mons, de la Société Géologique de France, le 30 août 1874.

1er ÉTAGE. Les dépôts les plus anciens qui se rencontrent dans notre vallée houillère sont constitués par des amas très irréguliers de sables et de graviers accompagnant des argiles blanches, grises, noires, rouges ou bigarrées que l'on exploite pour la fabrication des briques réfractaires et des produits céramiques à Hautrages, Baudour, La Louvière, etc. Leur couleur est due à la présence, en quantité plus ou moins forte, du lignite qui est assez commun dans cet étage, et à celle de divers oxydes de fer ; ces derniers n'y sont jamais cependant combinés sous forme de glauconie.

Ces amas de sables et d'argile ont été appelés *aachéniens* par Dumont qui les croyait synchroniques des sables inférieurs d'Aix-la-Chapelle, ce qui n'est plus admis aujourd'hui.

Cette formation ne se trouve que sur le versant septentrional de la vallée ; au Couchant de Mons, elle ne s'étend pas au Midi du canal de Mons à Condé. Son affleurement est très développé à Hautrages et à Baudour, tandis qu'en certains points elle n'a qu'une faible puissance et manque même complétement. Cette irrégularité se présente en profondeur où des sondages n'en ont rencontré que des traces, alors que d'autres, situés sur la même direction, en ont percé de fortes épaisseurs. Le sondage d'Hautrages, qui a dû être abandonné dans ces terrains à 193 mètres, y était entré vers la profondeur de 52 mètres.

Les sables de cet étage constituent ce que les mineurs français appellent le *torrent d'Anzin*, ils sont très mouvants quand ils sont sous l'eau. Vers les affleurements, on a pu les traverser au Centre par l'emploi de l'air comprimé ; mais lorsque leur profondeur est plus grande et qu'ils possèdent une certaine épaisseur, ces sables présentent au fonçage des puits des obstacles qui n'ont pu jusqu'ici être surmontés. C'est ainsi que deux puits enfoncés sur Saint-Vaast, l'un par le procédé de M. Guibal, l'autre par celui de M. Chaudron, ont dû être abandonnés l'un et l'autre.

A ces amas, dont la provenance et l'époque laissent place encore à quelqu'incertitude, succèdent des dépôts essentiellement marins.

2e ÉTAGE. Il est plus spécialement composé de couches de grès glauconifères alternant souvent avec des lits sableux subordonnés. Elles sont siliceuses à Bracquegnies, renferment du calcaire vers Bernissart et certains bancs y passent au poudingue ; les mineurs les désignent sous le nom de *Meule*. Ce dépôt est remarquable à Bracquegnies par la présence d'un grand nombre d'espèces fossiles qui ont permis de déterminer son âge.

Cet étage comme le précédent ne se rencontre guère que sur le versant Nord de la vallée ; cependant deux forages pratiqués récemment par la Société des Produits au Nord de la station de Jemmapes, prouvent qu'il s'avance jusqu'au canal dans la partie orientale du Couchant de Mons. Ces forages ont traversé 21 mètres de *meule* aux profondeurs respectives de 153 et de 272 mètres sous le sol. A l'Ouest de ces points il s'étend encore plus loin au Midi, car des sondages exécutés sur les communes de Pommerœul, Montrœul-sur-Haine, Hensies, ont rencontré des roches analogues se reliant à celles qui, de l'autre côté de la frontière, recouvrent le terrain houiller sous les communes de Crespin, Thivencelles et Vicq. Ces couches y sont souvent désignées sous le nom de *grès vert* et y forment ce qu'on a appelé le *torrent de Vicq*. Elles sont en effet très aquifères et comme elles sont surmontées d'un système imperméable et que leur affleurement se fait à une hauteur plus grande sur le flanc de la vallée, la charge d'eau y est plus forte que dans les terrains à niveaux supérieurs. Aussi dans beaucoup de forages le niveau de l'eau est remonté dans la colonne des tubes lors de la rencontre de ces couches.

C'est dans la *meule* que les fosses du charbonnage de Blaton, à Bernissart, ont eu à passer un niveau. Le puits n° 3 (Sainte-Barbe), enfoncé en 1847, est celui où le travail a présenté le plus de difficultés. La *meule* y avait une épaisseur de 45 mètres et reposait, à la profondeur de 75 mètres, sur 26 mètres d'argile plastique semblable à celle d'Hautrages, où l'on a pu établir la base du cuvelage. D'après les rapports de l'époque, la venue était, à la profondeur de 70 mètres, de 3000 mètres cubes par 24 heures.

Sous Bernissart l'épaisseur de la *meule* dépasse 100 mètres en certains points. Le sondage n° 11 de la Société charbonnière de Blaton en a traversé 114 mètres 50.

3ᵉ ÉTAGE. Je ne parle que pour mémoire du poudingue à pâte calcaire dont il reste des lambeaux à Montignies-sur-Roc. Ce poudingue, connu aussi sous le nom de *tourtia de Tournai*, n'a d'autre importance que celle des nombreux fossiles qu'il renferme. Dumont le rangeait, ainsi que la *meule,* dans son système *hervien* dont il avait pris le type dans les couches inférieures du plateau de Herve, mais ces dernières sont plus récentes et doivent apparemment être remontées jusque dans le *sénonien*.

L'irrégularité des dépôts précédents permet de supposer qu'ils n'existent dans notre bassin qu'à l'état de témoins de formations primitivement plus étendues.

4ᵉ ÉTAGE. Un dépôt argileux, marneux et siliceux beaucoup plus important se présente ensuite et recouvre indifféremment les couches crétacées précédentes ou les terrains primaires. Dumont lui avait donné le nom de *Nervien*, emprunté à celui des populations de notre sol lors de l'invasion romaine.

Il se distingue par une grande variété dans les caractères minéralogiques, aussi nos mineurs y ont établi des subdivisions que je vais faire ressortir :

(a) *Tourtia de Mons ; verts*. La partie inférieure du 4ᵉ étage est composée de marne très glauconifère empâtant des cailloux roulés.

(b) *Dièves.* Vient ensuite une argile marneuse parfois d'un blanc bleuâtre mais plus généralement verdâtre par suite de la glauconie qu'elle renferme.

(c) *Fortes-toises.* Les *dièves* vers le haut deviennent plus calcareuses et renferment de nombreuses concrétions siliceuses connues des ouvriers sous les noms de *têtes de mouton, têtes de chat,* etc. ; au Centre, on les désigne parfois sous le nom de *verts à têtes de chat.*

(d) *Rabots.* Le silex prédomine de plus en plus et arrive à former des lits de rognons souvent assez volumineux et presque continus, sur lesquels s'émoussent les trépans des sondeurs. C'est surtout vers Ghlin, Maisières et Saint-Denis que les *rabots* prédominent et y forment de véritables bancs, exploités comme pavés et pierres de meules.

(e) *Gris des mineurs.* La marne qui accompagne ces *rabots* et qui ordinairement les surmonte est une craie grossière, sableuse, friable qui se charge de glauconie et qui renferme de nombreux fossiles, principalement des huîtres. Dumont faisait des *gris des mineurs* la base de son système *sénonien.*

Le 4ᵉ étage ainsi constitué présente dans notre bassin des différences d'épaisseur très considérables. Il n'a guère que 15 à 25 mètres en beaucoup de points du Borinage, tandis que, dans la vallée, on en a traversé 175 mètres au sondage de la Société du Nord de Quiévrain, à Hensies, et 180 mètres au sondage nᵒ 19 de la Société de Blaton à Pommerœul.

La partie inférieure du dépôt jusqu'aux *fortes toises* est imperméable, les *rabots* sont au contraire très aquifères. Les *dièves,* en recouvrant directement le terrain houiller sur le versant Sud de la vallée, y protégent les travaux intérieurs contre les eaux supérieures qui, sous des charges de 25 à 30 atmosphères, ne manqueraient pas d'affluer par les couches fissurées des grès et les dislocations résultant de l'exploitation elle-même ; aussi, sur le versant Nord, la présence immédiate sur le terrain houiller des sables inférieurs et de la *meule,* tous deux aquifères, est un fait très grave qui forcera à laisser intacts des massifs assez puissants en dessous des morts-terrains et rendra plus onéreux le service d'exhaure.

5ᵉ ÉTAGE. Cet étage qui correspond presqu'en entier au système *sénonien* de Dumont, est le plus puissant de notre bassin. Il en a été percé 335 mètres au sondage des Wartons près Maisières. On distingue ordinairement dans cet étage la craie blanche et la craie grise. MM. Cornet et Briart le subdivisent en cinq sous étages : *Craie de Saint-Vaast, Craie d'Obourg, Craie de Nouvelles, Craie grise de Spiennes* et *Craie brune de Ciply.*

La craie blanche, plus communément appelée marne, se présente dans les trois cuves, elle s'appuye contre les plateaux de Boussu et du Flénu, mais recouvre le bombement souterrain du Grand-Hornu. Sa partie supérieure, moins argileuse et plus blanche, affleure sur Harmignies, Nouvelles, Ciply et Cuesmes. De nombreuses carrières à ciel ouvert ou souterraines sont pratiquées dans les parties situées au-dessus de la tête d'eau, et fournissent la craie pour la fabrication de la chaux et les besoins des sucreries.

La craie est généralement très fissurée et aquifère: la tête des bancs (les *marlettes* des ouvriers) est souvent même tout à fait délitée et sujette à des affouillements lors des fortes venues d'eau.

La craie et les rabots constituent plus spécialement les terrains aquifères du Borinage. Les principaux passages de niveaux ont eu lieu dans la cuve de Quaregnon. Après diverses tentatives infructueuses, les Sociétés charbonnières de Cossette et de Bonnet unirent, vers 1840, leurs efforts pour mener simultanément l'épuisement dans deux avaleresses assez rapprochées, et réussirent à le terminer. Le puits nº 10 de Cossette atteignit le terrain houiller à 133 mètres, et le puits Saint-Emile de Bonnet à 111 mètres de profondeur. A ce dernier puits, devenu plus tard la propriété de Belle-et-Bonne, la venue fut trouvée de 6000 mètres cubes par 24 heures, lors d'une réparation effectuée au cuvelage, en septembre 1857, alors que les niveaux étaient relativement faibles.

Au siége creusé à Quaregnon, en 1850-1851, par la Société du Couchant du Flénu, la venue journalière dépassa 12000 mètres cubes. Ce siége comprend trois puits et les hauteurs des cuvelages sont de 109 mètres 15 au puits nº 4, de 107 mètres 38 au puits nº 5 et de 114 mètres 90 au puits nº 6.

Des épuisements plus considérables durent être effectués au nouveau siége établi en 1870 par la Société du Rieu-du-Cœur, non loin du canal de Mons à Condé, à Quaregnon, et comprenant deux puits distants d'une vingtaine de mètres. Le terrain houiller s'y trouve à la faible profondeur de 39 mètres 40 et la tête des *fortes toises* à 24 mètres 50. Le niveau se montre vers 4 mètres du jour, il n'y avait par conséquent qu'une vingtaine de mètres d'eau à vaincre. Cependant, à la profondeur de 10 à 11 mètres, la venue était déjà de 12 à 13000 mètres cubes par 24 heures. Les deux puits se trouvaient alors dans une craie très fissurée. Lorsque le puits du Midi fut entré dans les *gris des mineurs* moins aquifères, vers 19 mètres 70 de profondeur, le puits du Nord étant encore dans la craie à 12 mètres 78, la venue était de 20000 mètres cubes. Elle augmenta encore pendant le passage des *gris* et des *rabots*, la quantité d'eau épuisée au puits du Nord dans ces dernières assises s'éleva à 25,000 mètres cubes par 24 heures. Le siége fut établi à la profondeur de 29ᵐ80 dans les *fortes toises*.

Les effets d'un pareil épuisement se firent sentir dans le voisinage. A Quaregnon et à Jemmapes, un certain nombre de puits domestiques furent mis à sec, l'eau baissa dans d'autres et il s'en suivit des plaintes nombreuses. Pour remédier à cette situation, la Société organisa une distribution d'eau à domicile.

Les quantités d'eau à exhaurer ne furent pas moindres aux puits que la Société du charbonnage de Ciply tenta d'enfoncer en 1862. En 1864, l'on n'était qu'à la profondeur de 43 mètres, dans la craie, et les machines des deux puits élevaient à la surface près de 30000 mètres cubes d'eau par 24 heures. Les travaux durent être abandonnés. Ils furent repris en 1873, par le procédé à niveau plein Kind-Chaudron. Un des puits, qui était placé, très probablement, sur une faille du terrain crétacé, s'effondra et dut être recommencé. Les puits atteignirent cependant le terrain houiller, l'un à 85 mètres 45, l'autre à 89 mètres 90.

Un niveau plus important encore est celui des avaleresses du charbonnage du Bois-du-Luc, à Havré, où la tête des *fortes toises* se trouve vers 155 mètres et le terrain houiller à 215 mètres de profondeur. Malgré les puissants moyens d'exhaure dont on disposait, il fallut recourir au fonçage à niveau plein. On sait que l'un des puits a pu être terminé heureusement l'an dernier ; le travail continue aux deux autres.

Mais la tentative de ce genre, de beaucoup la plus considérable, est celle qui s'opère actuellement, par le procédé Kind-Chaudron, aux avaleresses de la Société du Nord du Flénu, à Ghlin. La surface du terrain houiller y a été reconnue à 289 mètres de profondeur et, comme elle est recouverte par une couche très aquifère, dépendant de la *meule*, il faudra de toute nécessité établir le siége du cuvelage dans le terrain houiller. L'eau se trouvant en cet endroit presqu'à fleur du sol, la pression de l'eau sur la partie inférieure du cuvelage ne sera pas inférieure à 28 atmosphères.

Au-dessus de la craie blanche, se rencontre une craie plus grossière dont la couleur gris-brunâtre est due à la présence de granules de phosphate de chaux, et dont les couches supérieures les plus riches sont exploitées à Ciply pour en retirer cette matière par préparation mécanique. La partie inférieure du dépôt, qui se voit principalement vers Spiennes, renferme de nombreux lits de silex.

Cette assise n'est connue que dans la cuve de Mons. Elle est aussi très perméable quand elle est sous l'eau. C'est d'elle que sortent, dans le vallon de Spiennes, les sources qui fournissent les eaux potables à notre ville.

Le niveau de la craie de Spiennes doit être en communication avec celui de la craie blanche, car les forts épuisements effectués lors de l'enfoncement déjà cité des puits de Ciply, amenèrent le tarissement de celle de ces sources, qui se trouve sur le versant occidental de la vallée et qui est connue sous le nom de Fontaine de la Vallière. Il n'en fut pas de même des sources du Trou-Souris, qui sont actuellement captées pour la distribution d'eau et qui déversent probablement les eaux du versant oriental, sur lequel elles se trouvent.

6e ÉTAGE. Vient enfin une assise formée de calcaire grenu, jaunâtre, qui est l'équivalent exact du tuffeau de Maestricht, dont Dumont a fait son système *maestrichtien*. Ce dépôt, dans la cuve de Mons, ravine tant la craie brunâtre que la craie blanche et commence par un poudingue de cailloux phosphatés, qui se présente surtout dans les creux de la craie sous-jacente, et a fait aussi l'objet d'exploitations. Le calcaire maestrichtien existe aussi dans la cuve de Boussu et aurait même été rencontré dans celle de Quaregnon par d'anciens sondages de la Société du Haut-Flénu.

Ces couches sont également aquifères en profondeur. Une tentative d'enfoncement faite anciennement par la Société du Levant du Flénu, un peu à l'ouest de la place de Cuesmes, n'a pu les traverser.

Avec elles se termine la série crétacée de notre bassin.

Les terrains tertiaires commencent par un dépôt d'estuaire nommé calcaire grossier de Mons, par MM. Briart et Cornet, qui sont occupés à en décrire la riche faune. C'est un calcaire grenu, jaunâtre, très fissuré et aquifère. Il se présente sous la ville et la banlieue de Mons où il fournit de l'eau à divers puits artésiens ou autres. Il existe également sous Boussu, où il a été rencontré par les forages faits récemment sur la concession d'Hautrages et a donné de l'eau jaillissante. Il y est recouvert par une couche de marne gris-blanchâtre à lignite qui retenait les eaux et dont la position rappelle celle des assises *hersiennes* de la province de Liége. Des couches marneuses analogues ont été reconnues par des sondages faits sur Mons et Nimy.

A ces dépôts peu étendus succède l'assise *landenienne*, formée de sables glauconifères parfois agglutinés en masse ou en plaquettes. La base est souvent assez argileuse pour être imperméable et renferme des cailloux et des silex roulés à patine verdâtre caractéristique.

Ces sables couronnent les collines sur le versant septentrional de la vallée et parfois même descendent vers le centre de celle-ci, surtout vers Hensies, où le sondage fait en 1862 près la ferme de la Neuville, n'est sorti du système *landenien* qu'à la profondeur de 125 mètres, après en avoir traversé 67 mètres. Leur épaisseur est moindre au Levant et descend jusque 15 mètres en certains points près de Mons. Sur le versant méridional de la vallée, l'altitude du système se relève. C'est entre Thulin et Hainin que l'affleurement est reporté le plus au Nord ; de ce point, il avance vers le Sud, tant à l'Est qu'à l'Ouest. Les sables qu'il renfermesont très aquifères et mobiles en profondeur.

Quelques sondages ont aussi fait reconnaître, dans le fond de la vallée, la présence au-dessus des sables landeniens d'une argile bleuâtre, imperméable, formant le système *yprésien* inférieur de Dumont. Cette argile se voit surtout dans les environs immédiats de Mons, où elle présente une épaisseur de 15 à 25 mètres et est exploitée pour la fabrication des pannes et des briques. Elle est surmontée par les sables jaunâtres à nummulites de l'*yprésien* supérieur qui constituent la colline sur laquelle est bâtie notre ville. Ce sont les eaux de ces sables qui alimentent la majorité des puits domestiques de la ville, et comme le passage des couches argileuses aux couches sableuses se fait par alternances, il en résulte de petits niveaux étagés qui produisent l'inondation des caves après une saison pluvieuse.

Ces sables présenteraient des difficultés s'ils étaient à percer sous la nappe d'eau, mais leur gisement est peu étendu. Ils ne se rencontrent qu'aux alentours de Mons, principalement dans les collines de l'Eribus, du Bois de Mons et du Panisel. Ils sont surmontés, dans ces deux dernières collines, par d'autres sables glauconifères, très argileux, avec bancs de grès subordonnés, formant un dépôt très limité, que Dumont a pris comme type de son système *paniselien*.

Quant au terrain *bruxellien* qui, au Centre, couronne les hauteurs vers l'origine de la vallée de la Haine, il n'a été rencontré nulle part au Couchant de Mons.

Le *diluvien* caillouteux et le *limon* quaternaire recouvrent indifféremment, comme un manteau, tous les terrains primaire, crétacé ou tertiaire et en masquent d'ordinaire les affleurements.

Enfin, dans les parties basses de la vallée, se rencontrent les terrains superficiels d'alluvion, formés de sables, de tourbe, d'argile et de limon remanié. Ces sables sont souvent mouvants et difficiles à maintenir ; ce sont eux que l'on a rencontrés dans les fouilles exécutées pour établir les fondations du barrage de la Trouille et des machines de la distribution d'eau de la ville de Mons.

Si la série des morts-terrains que je viens de passer en revue présente, vers le centre de la vallée, des épaisseurs considérables, sur les versants, au contraire, les terrains primaires viennent à fleur de terre en beaucoup de points, et les ruisseaux y ont creusé des vallées profondes. Sur le versant Nord, il n'y a guère que l'étage inférieur du terrain houiller, formé des phtanites, qui soit mis à découvert ; mais sur le versant Sud, principalement dans les vallées des ruisseaux qui coulent vers Boussu, Wasmes et Pâturages, se voient des coupes dans le terrain houiller où les affleurements des veines n'ont pu manquer, comme je l'ai dit déjà, d'attirer, de bonne heure, l'attention de nos industrieuses populations boraines.

CHAPITRE II.

TERRAIN HOUILLER.

CHAPITRE II.

TERRAIN HOUILLER.

§ 1er.

ALLURE GÉNÉRALE DU BASSIN.

Nos divers bassins houillers ne donnent qu'une idée bien incomplète de l'importance géologique qui a présidé à leur formation. Ils ne sont plus que les faibles débris de l'immense dépôt qui, à l'époque carbonifère, a recouvert nos contrées.

Les petits bassins de Florenne, d'Anhée, d'Assesse, de Bois, de Bende, de Modave, de Linchet et de Juslenville, en Belgique, qui représentent la partie complétement inférieure de l'étage houiller et dont l'exploitation est abandonnée depuis longtemps, sont autant de témoins de l'étendue de ce dépôt au Midi. On ne peut douter que cette formation s'étendait également au Nord, bien au-delà de cette longue bande houillère qui de la Westphalie traverse notre pays de l'Est à l'Ouest et va rejoindre l'Angleterre.

Les mouvements successifs du sol, sa dénudation pendant les périodes d'émersion et son érosion par la mer lors des affaissements, sont les plus puissants phénomènes qui ont concouru à produire l'état actuel du terrain houiller.

Notre grande vallée houillère, témoin principal de l'immense formation que je viens de signaler, se subdivise au point de vue géologique de la Belgique en deux bassins proprement dits, celui de Liége et celui du Hainaut. Ils sont séparés près du village de Samson, à deux lieues à l'Est de Namur, par un relèvement du sol qui montre au jour l'affleurement du calcaire carbonifère à une altitude d'environ 200 mètres au-dessus de la mer. De Samson la vallée plonge à l'Est et à l'Ouest pour atteindre son maximum de profondeur, d'une part près de Liége et d'autre part dans le Couchant de Mons à la limite séparative des communes de Boussu et de

Hornu où elle est la plus considérable. En ce point on peut estimer que le thalweg de la vallée houillère se trouve à une profondeur de 3,000 mètres sous le niveau de la mer.

Le bassin de Liége se poursuit jusque dans les provinces rhénanes.

Celui du Hainaut, au point de vue géographique, se subdivise en parties que l'on a coutume de désigner également sous le nom de bassins, bien qu'ils ne soient que des fractions du bassin principal ; tels sont ceux de Namur, de Charleroi, du Centre et du Couchant de Mons. A l'exception du terrain houiller du Boulonnais, qui appartient peut être à un bassin spécial, le bassin houiller exploité dans les départements du Nord et du Pas-de-Calais en France forme le prolongement de celui du Hainaut qui est ainsi reconnu sur une longueur approximative de 190 kilomètres dont 91 environ sur le sol belge.

En faisant abstraction de la partie du terrain houiller recouverte par des roches plus anciennes, sous lesquelles ils se prolonge, sans que l'on connaisse exactement l'importance de ce recouvrement, on constate que le bassin du Hainaut acquiert son maximum de largeur, soit 15,000 mètres, un peu à l'Ouest de Charleroi en Belgique. Il possède environ la même largeur en France en regard de la ville de Valenciennes et du village de Douchy. Au Couchant de Mons, la plus grande largeur constatée est 11,600 mètres à la ligne méridienne du village d'Eugies.

Lorsque l'on considère l'allure générale des couches qui composent les bassins houillers de Liége et du Hainaut, on voit, dans toute la région Sud, succéder aux grandes plateures, une série de replis constituant des dressants entrecoupés de plateures accessoires plus ou moins étendues ; souvent aussi on observe que les couches sont renversées sur elles-mêmes.

Ces faits existent non seulement pour les stratifications houillères, mais également pour celles qui enveloppent la formation, c'est ainsi que l'on a constaté en divers points le redressement et même le renversement complet du calcaire carbonifère sur le terrain houiller. Je citerai dans le Borinage la présence du calcaire carbonifère avec rognons de phtanites en stratification droite au puits d'alimentation d'eau dit Lowich de la Société du Midi de Dour.

Les soulèvements du sol qui se sont produits à la fin de la période carbonifère ont non seulement occasionné le plissement des couches et leur disposition en bassin, mais ils ont encore donné naissance à de nombreuses fractures dont la plus importante est la grande faille qui règne au Sud de toute la bande houillère depuis le Pas-de-Calais, en France, jusqu'en Prusse, en traversant notre pays.

Cette immense faille, inclinée au Sud de 30 à 45 degrés et qui est évidemment postérieure au plissement des couches dû au soulèvement du Condroz, a amené, en beaucoup de localités, le recouvrement partiel du terrain houiller par des terrains beaucoup plus anciens non renversés. On la désigne sous le nom de faille eifelienne à Liége, faille dévonienne dans le Hainaut ; MM. Cornet et Briart lui donnent le nom de faille du Midi qui me paraît préférable, car si en certains points elle met en contact le terrain houiller avec des roches du système quarzo-schisteux eifelien de Dumont; dans d'autres, comme dans l'extrême Couchant de Mons, les roches de recouvrement appartiennent plus spécialement aux quartzites rapportés par Dumont à son terrain rhénan.

J'ai indiqué sur la carte des concessions la limite approximative de cette grande faille du Midi qui n'est visible qu'en un petit nombre de points.

Le recouvrement qu'elle opère sur le terrain houiller est très variable ; il n'a qu'une très faible importance dans les localités du Couchant de Mons situées entre Asquillies, Genly et Dour, mais à l'Ouest de cette dernière commune, à Élouges, à Baisieux, où le bassin semble avoir son minimum de largeur, le recouvrement devient très considérable. Ce fait est la conséquence de l'obliquité de la direction générale des couches par rapport à celle de la faille; c'est ainsi que le crochon do pied du quatrième dressant de la veine Grande-Chevalière qui se fait dans le puits n° 6 de Belle-Vue, à 345 mètres de profondeur sous l'affleurement de la faille, est, au n° 5 du Grand Bouillon du Bois de Saint-Ghislain, distant de ce même affleurement de 1200 mètres au minimum. En effet, à 900 mètres au Sud de ce puits n° 5, on rencontre les exploitations faites dans la couche Grand-Renom au niveau de 329 mètres par le puits n° 1 de la même Société, et l'on a lieu de croire qu'il existe encore trois à quatre cents mètres de terrain houiller au Midi de ce point avant d'arriver à l'affleurement de la faille. Je ferai remarquer enfin que la couche Grande-Chevalière présente le type des charbons gras, tandis que le Grand-Renom appartient à la série des charbons maigres ; c'est la couche la plus méridionale du bassin qui ait donné lieu à des exploitations. On peut juger dès lors de l'importance du recouvrement qui existe au Sud des puits de Belle-Vue. Il est vrai de dire cependant que la faille du Midi a dû, dans son transport, emporter une fraction déjà notable du terrain houiller[1].

Une autre partie du terrain houiller du Couchant de Mons, bien que située vers le centre du bassin sous les communes de Boussu, Hainin, Thulin, Quiévrain, est également recouverte, mais dans une position renversée, par des terrains dévoniens et même siluriens qui y ont été amenés par une faille considérable. Je ne la mentionne ici que pour mémoire, j'y reviendrai ultérieurement.

Dans la partie Nord du bassin existe une puissante assise de schistes noirs très siliceux, dans lesquels on trouve les premiers vestiges de plantes houillères et quelques coquilles fossiles dont l'une,

---

1. Dès le commencement du siècle, des exploitations furent faites sur le territoire de Baisieux, sous les grès dévoniens que les anciens mineurs désignaient sous le nom de canistels. Ce fait du recouvrement du terrain houiller était donc connu depuis longtemps au Borinage. Vers 1838, les fosses n° 6 et n° 8 du Tapatout (Belle-Vue) furent poursuivies dans le terrain houiller après avoir traversé une épaisseur de terrain dévonien, et des travaux d'exploitation furent poussés sous la faille jusque 200 mètres au premier puits et près de 400 mètres au deuxième puits. Il en avait été de même antérieurement pour le puits n° 2 du même charbonnage et pour la fosse n° 1 de Longterne-Ferrand.

11

très abondante, appartient probablement au genre Posidonomya. Cette assise passe au grès, renferme des bancs de phtanites [noirs et repose, en inclinant au Sud, sur le calcaire carbonifère suivant une zone de contact passant par Blaton, Sirault et Erbisœul. Sur cette assise se trouvent les couches inférieures de houille.

J'ai tracé approximativement sur la carte des concessions la limite Sud de l'affleurement de cet étage, qui se trouve fréquemment masqué par des dépôts plus récents.

Le terrain houiller dans le Couchant de Mons affecte d'abord la forme d'un bassin. Les couches, à partir de leur affleurement Nord, s'inclinent au Sud pour former de grandes plateures ; elles se relèvent ensuite pour présenter dès lors une inclinaison vers le Nord. Le premier versant est connu sous le nom de comble du Nord, le second constitue le comble du Midi. La ligne de séparation des deux versants s'appelle Naye.

Les plateures du Midi sont d'autant plus étendues qu'elles sont plus profondes. A une distance plus ou moins grande de la Naye, selon leur profondeur, les couches se relèvent brusquement pour former un premier dressant suivi d'une nouvelle plateure désignée sous le nom de Fausse Plateure, parce que son inclinaison se fait généralement au Nord ; elle se termine contre un nouveau dressant. Les couches de la série inférieure présentent ainsi jusqu'à la limite Sud du bassin une succession de dressants et de plateures inclinées presque toujours au Midi.

Les lignes d'intersection des plateures et des dressants, se nomment crochons ; la pente qu'ils affectent est plus spécialement désignée sous le nom d'ennoyage.

Certaines de ces plateures offrent parfois une largeur de plus de 400 mètres, mais cette largeur est elle-même très variable. Les unes disparaissent complétement contre un dressant ; parfois aussi un dressant prend naissance dans une plateure et la divise; le nombre des dressants entrecoupés de plateures varie par conséquent suivant les localités ; on en compte de six à neuf.

La Naye, plus spécialement reconnue dans les couches supérieures du bassin, affecte comme allure générale deux directions principales. Au Grand-Hornu, elle est dirigée du Nord-Ouest-Ouest vers le Sud-Est-Est, mais à partir de Quaregnon jusqu'au Levant du Flénu, elle se dirige de l'Ouest-Sud-Ouest à l'Est-Nord-Est. Il est assez probable qu'elle se reporte ensuite au Midi ; on sait, en effet, qu'au Centre, la Naye se confond avec le premier crochon contre lequel les grandes plateures du Nord viennent se terminer brusquement et qu'il en est de même à Charleroi ainsi que dans une partie du bassin de Liége.

Considérée suivant un plan vertical la Naye, au Borinage, présente la forme d'une double voûte dont les sommets se trouvent vers les méridiennes de 5 000 mètres et de 7 300 mètres comptées à l'Ouest de la tour de Mons. Du premier de ces points culminants, elle plonge à l'Est vers Cuesmes assez rapidement et faiblement à l'Ouest vers Quaregnon, elle se relève ensuite pour replonger fortement à l'Occident. Dans la concession du Bois de Boussu, elle n'est pas reconnue.

Envisagée par rapport à différentes couches, elle offre encore ce fait remarquable d'un report au Midi d'autant plus considérable qu'on la rencontre dans une veine plus inférieure. C'est ainsi, par exemple, qu'au puits n° 20 de la Société des Produits dans la couche Grand Franois, la Naye se trouve à 215 mètres au Nord du puits, et que dans la couche Grand-Gaillet, inférieure de 200 mètres de la précédente, la Naye se forme à 45 mètres au Sud du puits. La ligne qui, en coupe, rejoint ces points en passant par la Naye des couches intermédiaires, présente une inclinaison au Sud de 34 degrés. Cette allure est essentielle à observer dans les travaux d'ensemble à créer par les charbonnages.

Le relèvement que présente la Naye vers la méridienne de 7300 se remarque dans toutes les couches et forme une selle dont la direction est du Nord-Nord-Ouest au Sud-Sud-Est ; il affecte également les crochons. Cette voûte a nécessairement pour conséquence de modifier l'allure des costresses ou voies de niveau en veine. En ce qui concerne, par exemple, les couches supérieures à la Grande Bechée, on voit que sur Boussu les costresses ont une direction générale Est-Ouest; dans la concession d'Hornu et Wasmes, cette direction se reporte au Nord, puis les costresses tournent et, au Grand-Hornu, se disposent en forme de demi-cuve dont la convexité est au Sud-Est. La courbure inverse existe sur Quaregnon où la cuve est plus prononcée, puisque certaines costresses se rejoignent ; plus à l'Est, elles reprennent une direction Nord-Est jusque près du n° 20 des Produits; de ce point, comme aussi dans la concession du Levant du Flénu, les voies de niveau se dirigent du Nord-Ouest au Sud-Est; cette dernière allure provient de l'ennoyage de la Naye et des crochons.

Dans la région Sud, les crochons, depuis Baisieux jusque vers la méridienne de 10 500 mètres, à l'Ouest de Mons, sont dirigés vers l'Est-Ouest; plus au Levant jusqu'à la méridienne de 6500 mètres ils forment avec le Nord un angle de 110 à 120 degrés; ils reprennent ensuite la direction Est-Ouest; enfin, sur Frameries, ils se reportent un peu au Sud.

§ 2.

COMPOSITION DU BASSIN AU POINT DE VUE DES COUCHES DE HOUILLE
ET DES TERRAINS QU'IL RENFERME.

Le nombre de couches exploitables dans le Couchant de Mons est approximativement de 125 à 135. Certaines d'entre elles, qui se présentent sur un point dans de bonnes conditions d'exploitation, ne sont plus que des layettes ou des passées dans d'autres localités; on voit aussi des couches se réunir en une seule et c'est plus spécialement ce qui empêche d'en déterminer le nombre exactement. En comptant les layettes, le nombre des lits de charbon dépasserait 180.

Le bassin du Centre et de Charleroi comprend environ 75 couches exploitables ; celui de Liége n'en contient guère plus de 50.

Vers la méridienne passant par le clocher de Pâturages, la stampe, ou espace compté normalement aux stratifications, depuis la première couche connue au Grand-Hornu jusqu'à la dernière couche exploitée au Grand-Bouillon sur Pâturages, est de 2 160 mètres ; la puissance totale en charbon qui y est comprise peut être évaluée à 70 mètres, ce qui correspond à 3^m,23 de combustible par 100 mètres de terrain. En admettant le nombre 125 couches exploitables, on arrive à une puissance moyenne de 56 centimètres en charbon.

Au Borinage, la couche la plus puissante en charbon ne dépasse pas 1^m,70 et la couche exploitée de plus faible puissance contient 27 centimètres de houille.

Quant à l'ouverture des veines, elle atteint parfois 2 mètres et même plus à cause des bancs de schistes et de psammites intercalés entre les laies.

Dans l'ensemble de la formation, les schistes du *mur*, ou sol primitif de la couche, entrent pour 55 pour cent, et les schistes du toit ou *roc* pour 15 pour cent. Les psammites, grès ou *cuérelles*, y sont compris pour 27,77 pour cent.

Malgré cette puissante assise de grès, on n'observe que peu de bancs caractéristiques et continus. Le plus important comme continuité est celui qui existe entre les couches Maton et Buisson ; son épaisseur est de 12 à 25 mètres et se trouve dans une stampe stérile de 40 à 65 mètres qui forme avec sa cuérelle le principal horizon géologique du bassin houiller du Couchant de Mons.

Je mentionnerai encore parmi les grès : ceux de la couche Cossette, fissurés et caverneux, de 7 à 29 mètres ; la bande entre la couche Catelinotte ou Bibée et la veine Deux-Layes ; celle de la couche Abbaye, de 7 à 15 mètres ; la cuérelle qui accompagne la première couche au Nord de la Grande-Veine-l'Évêque ou Grande-Chevalière sur Dour et Élouges, elle est à grains très serrés et possède une excessive dureté, son épaisseur est d'environ 15 mètres ; celle de la veine Auvergies, sur Frameries, qui correspond à la veine Masset, sur Dour, elle a une puissance de 8 à 10 mètres.

Je signalerai enfin la présence d'un grès à grains, de phtanite noir, brun lorsqu'il est altéré, qui lui donne l'aspect d'un poudingue ; les grains plus ou moins gros, depuis le volume d'un pois jusqu'à celui d'une pointe d'épingle, y sont dans la proportion de un tiers à un sixième ; cette roche remarquable, qui n'existe que dans les assises inférieures du terrain houiller, a été observée dans le Couchant de Mons au puits n° 4 de la Société du Midi de Dour ainsi que dans le bois de Colfontaine, et au puits d'Asquillies.

Au Centre, elle existe au puits des Duncs, près de Binche ; à Forchies, à 1700 mètres au Sud de l'église, dans une excavation qui paraît être le résultat d'une exploitation de cette roche. M. l'ingénieur des mines Faly a reconnu le poudingue houiller en un grand nombre de localités du Centre et de Charleroi; dans une note qu'il vient de communiquer à la Société Géologiqua, il signale :

La bande de Monceau-sur-Sambre, depuis Forchies jusqu'à la route de Charleroi à Mont-sur-Marchienne.

La bande de Courcelles, visible depuis le petit chemin de fer des charbonnages de Courcelles jusqu'au canal de Charleroi à Bruxelles.

La bande de Couillet (Fiestaux), depuis les Haies de Marcinelle jusque près de Châtelet.

Cette zone poudingiforme, déjà reconnue sur tant de points, se retrouve dans le bassin de Liége et a été déjà signalée par Dumont et par M. Dewalque. M. Malherbe a récemment présenté à la Société Géologique de Belgique un échantillon d'un grès un peu bréchiforme, composé de fragments de phtanite blanchâtre, atteignant rarement la grosseur d'un pois, montrant des traces de feldspath altéré et passant par conséquent à l'arkose.

M. Malherbe dit avoir rencontré cette roche en des points très nombreux de la province où elle caractérise les assises inférieures du terrain houiller. Enfin M. Firket, ingénieur des mines, vient de publier, dans les *Annales de la Société Géologique de Belgique,* une note sur la position stratigraphique du poudingue houiller qui existe entre Rieudotte et le hameau de Gives; d'après ce géologue, il ne serait, en cet endroit, séparé du calcaire carbonifère que par une stampe de 135 à 140 mètres de roches houillères.

Certains grès sont très fissurés et renferment de l'eau qui parfois est très chargée de sel marin. Les grès de la couche Grand-Franois sont dans ce cas; ceux de Maton possèdent également dans certaines localités des eaux salées.

On remarque généralement que là où la stampe entre les couches augmente, l'épaisseur des bancs de grès acquiert une plus grande puissance.

Une couche assez curieuse a été rencontrée dans la tranchée du chemin de fer de Baudour, à la partie la plus inférieure du bassin et dans le voisinage des schistes noirs de la base, c'est un banc de calcaire siliceux, d'environ $1^m,20$ de puissance, renfermant une grande quantité de crinoïdes. Comme aspect, cette roche a la plus grande ressemblance avec celle de certains bancs du calcaire de Soignies, Écaussines, etc. Cette roche a été rencontrée également dans un puits de recherche creusé sur la commune d'Harmignies.

Dans un mémoire sur la description géologique de la province de Namur, Cauchy, en 1825, a signalé l'existence d'un calcaire à crinoïdes près de Moustier.

Des recherches ultérieures feront probablement découvrir cette couche dans d'autres localités ; il semble, d'après certaines descriptions, qu'elle existerait dans le terrain houiller du Nord de la France[1].

---

1. *Annales de la Société Géologique du Nord,* tome IV, page 167.

Aucune étude d'ensemble n'a été faite jusqu'ici au sujet des fossiles et des empreintes végétales que renferme cependant en si grand nombre le bassin houiller de Mons.

C'est à peine s'il existe même une collection de l'espèce où les échantillons portent un lieu de provenance. Je me bornerai donc à quelques considérations générales.

Les couches du bassin dont les roches encaissantes fournissent le plus d'empreintes végétales sont les suivantes :

Grand-Hornu, sigillaires nombreuses; Grand-Moulin; Petite-Morette; Horpe; Cochez; Jouguelleresse et Bonnet, sigillaires très nombreuses; Grande-Cossette, grand nombre d'empreintes; Grande-Béchée, sigillaires excessivement nombreuses, fougères très fréquentes ; Petite-Béchée ; Grande-Belle-et-Bonne, empreintes diverses très nombreuses, beaucoup de fougères ; Petite-Belle-et-Bonne; Grand-Franois; Braise, nombreuses empreintes; Carlier, fougères assez abondantes ; Veine-à-Terre, Grand-Gaillet et Soumillarde, nombreuses empreintes de sigillaires ; Grand-Buisson, sigillaires, pas de fougères; Bouleau, grande quantité de fougères ; Bibée, fougères et calamites ; Veine-à-Deux-Layes, lycopodes ; Plate-Veine, stigmaria ; Grand-Andrieux, c'est presque la seule couche à empreintes au charbonnage de l'Escouffiaux ; Plate-Veine, empreintes nombreuses; Pouilleuse; Chauffournoise-Nord ; Chauffournoise-Sud, nombreuses fougères ; Épuisoir; Grand-Bouillon.

Certaines couches, comme on le voit, sont très riches en empreintes, d'autres n'en contiennent point. Les unes renferment parfois un genre qui fait défaut dans une veine voisine et qui reparaît ensuite dans une autre.

Le nombre de couches à empreintes végétales est bien plus nombreux dans la partie supérieure du bassin que dans la série inférieure à la couche Buisson.

Il semble aussi que la quantité d'empreintes dans une même veine diminue avec la profondeur ; des observations semblables ont été faites dans d'autres bassins et récemment dans le Nord et le Pas-de-Calais.

Le nombre de fossiles d'animaux paraît très restreint dans notre bassin, les coquilles sont plus fréquentes dans les couches inférieures. Dans ces dernières années, on a trouvé une dizaine d'empreintes d'insectes que l'on croit devoir rapporter à l'ordre des orthoptères et des lepidoptères. Ces empreintes proviennent des couches du groupe moyen du Flénu[1].

J'ai dit précédemment que le thalweg de la vallée houillère se trouvait, entre Hornu et Boussu, à une profondeur de 3 000 mètres environ sous la mer et que vers la méridienne passant par le clocher de Pâturages, la stampe ou espace compris normalement aux stratifications depuis la

---

1. *Annales de la Société Entomologique de Belgique*, tome XVIII, 1875.

première couche connue au Grand Hornu jusqu'à la dernière exploitée dans le bassin, était de 2 160 mètres ; j'entrerai actuellement dans plus de détails à ce sujet.

Depuis la veine Emma, sur Hornu (voir le tableau de la superposition des concessions et de la succession des couches), jusqu'à la couche Grand-Moulin, connue non seulement à Hornu, mais aussi à Jemmapes, la distance est de 130 mètres . . . .   130 mètres.

De la veine Grand-Moulin à la couche Grande-Bechée, on compte 300 mètres.   300 »

De la couche Grande-Bechée à la veine Grand-Buisson, il existe 450 mètres de terrain. . . . .   450 »

Soit donc de la veine Emma au Grand-Buisson . . . . :   880 »

Du Grand-Buisson à la veine Grand-Bouillon, sur Pâturages, l'espace compris est de . . . .   1 280 »

Total. . . . 2 160 »

Si d'une part on considère que la couche Emma a été rencontrée au Grand Hornu à 453 mètres de profondeur sous le sol ou à 414 mètres sous la mer, et que d'autre part il existe encore un espace de 300 à 400 mètres du terrain houiller au Midi de la couche Grand-Bouillon, on verra que le chiffre de 3 000 mètres que j'ai cité comme profondeur du bassin est un minima.

La stampe entre la veine Grand-Buisson et la couche Grand-Bouillon sur Pâturages ou Grand-Renom sur Dour, est assez différente dans ces deux localités. On a vu qu'elle était de 1 280 mètres dans la première, elle ne dépasse pas 1100 mètres sur Dour.

Par rapport à une coupe Nord-Sud passant par le puits n° 1 de la Société du Buisson, on trouve les distances suivantes :

Du Grand-Buisson à Patin du Bois à l'Escouffiaux. . . . .   400 mètres.

De Patin des Bois à la Grande-Chevalière . . . .   180 »

De Grande-Chevalière à Grand-Renom . . . .   520 »

Total. . . . 1 100 »

Dans une coupe passant par Pâturages, on arrive aux résultats suivants :

Du Grand-Buisson à Grande-Veine-l'Évêque. . . . .   740 mètres.

De Grande-Veine-l'Évêque au Grand-Bouillon . . . .   540 »

Total. . . . 1 280 »

On voit que la distance entre la Grande-Veine-l'Évêque, qui correspond à la Grande-Chevalière et la couche Grand-Bouillon ou Grand-Renom est à peu près la même ; l'augmentation de stampe porte donc principalement entre les couches Grand-Buisson et Grande-Veine-l'Évêque, et s'accuse surtout dans les terrains compris entre cette dernière veine et la couche Veine-à-Forges du charbonnage de Bonne-Veine.

§ 3ᶜ.

CLASSIFICATION DES HOUILLES. — ANALYSE DES CHARBONS. — COUCHES GRISOUTEUSES DU BASSIN.

Au point de vue de leurs propriétés physiques, chimiques et industrielles, on a classé les houilles du Couchant de Mons en diverses catégories ; j'adopterai la classification suivante :

1º Charbon flénu proprement dit ;
2º Charbon flénu gras ;
3º Charbon demi-gras à longue flamme ;
4º Charbons gras ;
5º Charbons demi-gras à courte flamme ;
6º Charbon maigre.

Ces divisions, basées sur les applications que ces charbons reçoivent dans l'industrie, sont confirmées par l'analyse chimique et sont en rapport avec la succession des couches du bassin de Mons.

Il est parfois difficile, cependant, en ce qui concerne les couches qui se trouvent vers la limite des catégories, de les ranger dans l'une ou dans l'autre, et il faut remarquer encore que leur composition et leurs propriétés varient souvent suivant les localités et la profondeur de l'exploitation.

C'est donc d'une manière générale que je donnerai les caractères principaux des divisions précitées.

1º Le charbon flénu proprement dit, désigné également sous le nom de houille maigre ou sèche à longue flamme, est un charbon brillant qui se présente ordinairement en morceaux de forme rhomboédrique d'une très grande régularité et dont les faces portent des stries caractéristiques connues sous le nom de mailles du Flénu ; il est très sonore et plus dur que celui des autres classes, il ne se réduit pas en poussière mais en petits fragments à surface lisse offrant des plans de clivages obliques ; il tache peu les doigts.

Le charbon flénu s'enflamme très facilement, brûle sans presque se coller avec une flamme vive, claire et longue, en répandant beaucoup de fumée d'une odeur un peu bitumineuse ; il se consume rapidement et laisse une assez grande quantité de cendres blanches et légères, sa densité varie de 1 250 à 1 300. Abstraction faite des cendres, il renferme de 58 à 68 pour cent de carbone fixe et de 42 à 32 pour cent de matières volatiles.

Le charbon flénu produit ordinairement 270 litres de gaz d'éclairage par kilogramme ; certaines couches ont fourni jusqu'à 330 litres, mais comme il ne donne qu'un coke fritté, sans valeur commerciale, on lui préfère le charbon flénu gras et certains demi-gras.

La houille flénu est très recherchée pour le chauffage des chaudières à vapeur et par toutes les industries qui ont besoin de longues flammes et d'une production rapide de chaleur ; il possède l'avantage de ne pas détériorer les foyers et les grilles.

Le charbon flénu n'existe en Belgique qu'au Couchant de Mons. Son type est au Flénu, sous Cuesmes, Jemmapes et le Flénu. Il est reconnu dans le bassin du Pas-de-Calais. Certains charbons de la Prusse rhénane ont aussi le caractère du flénu.

2° Le flénu gras ne diffère du flénu proprement dit que par sa propriété de s'agglutiner davantage et de laisser à la distillation un coke assez bien formé. Il est plus tendre et plus terne que le précédent.

Il renferme de 67 à 71 pour cent de carbone fixe et de 33 à 29 pour cent de matières volatiles (cendres déduites).

3° Le charbon demi-gras à longue flamme est noir, tachant les doigts, assez friable ; les blocs, d'une structure schisteuse, se divisent en fragments de forme parallélipipédique. Ils renferment assez souvent des lits noirs et ternes de houille daloïde. La houille demi-grasse à longue flamme est assez lente à s'enflammer, plus lente que les autres espèces voisines, d'où lui vient le nom de charbon dur sous lequel elle est souvent désignée dans le Hainaut.

Le charbon demi-gras brûle assez vite avec une longue flamme en s'agglutinant et donnant une chaleur vive et soutenue. Cette houille convient beaucoup pour les verreries, brasseries et distilleries, comme aussi pour la fabrication du gaz, à cause de son coke d'assez bonne qualité.

En ne considérant que les propriétés industrielles, on est amené à subdiviser les charbons demi-gras et à créer une classe spéciale de charbons à gaz proprement dits ; c'est ce que j'ai fait dans mon tableau de la superposition des concessions, mais le peu de différence dans la proportion des matières fixes et volatiles de ces catégories m'engage à ne pas maintenir cette subdivision qui peut induire en erreur, en laissant croire par exemple que les couches de cette classe sont les seules propres à la fabrication du gaz ; on sait en effet que la série du flénu gras renferme des charbons qui possèdent non seulement un très grand pouvoir éclairant, mais qui donnent aussi un coke assez convenable quoique moins dense.

Le charbon demi-gras à longue flamme renferme de 70 à 76 pour cent de carbone fixe (cendres déduites) et de 30 à 24 pour cent de matières volatiles ; sa pesanteur spécifique varie de 1,262 à 1,237.

4° Le charbon gras est désigné aussi sous les noms de houille grasse maréchale, et de fines forges. C'est la plus tendre de toutes les houilles exploitées au Couchant de Mons, comme c'est aussi la plus pure ; elle est très noire, offre un aspect gras caractéristique, donne beaucoup de poussière et tache fortement les doigts. En masse, elle montre une série de lits de charbons plus ou moins brillants, séparés par de petits lits de houille daloïde qu'elle renferme parfois en assez grande quantité.

Le charbon gras s'allume assez facilement, donne une flamme courte, fuligineuse et produit une très grande chaleur, il se gonfle sous l'action du feu et entre dans une espèce de fusion pâteuse qui réunit la masse et forme voûte. Cette propriété, qui a pour résultat de concentrer la chaleur produite, le fait rechercher pour la forgerie. Soumis à la distillation, il donne un coke dur et pesant, très estimé par la métallurgie. Il convient peu pour la fabrication du gaz d'éclairage.

Sa densité varie entre 1,240 à 1,340.

Abstraction faite des cendres, il renferme de 75 à 82 pour cent de carbone fixe et de 25 à 18 pour cent de matières volatiles.

5° Le charbon demi-gras à courte flamme forme la transition entre la houille grasse et la houille maigre ou terre-houille. Il offre une texture schisteuse, les blocs sont très souvent divisés par une grande quantité de petits lits de charbon daloïde terne qui tache les doigts. Les fragments se présentent parfois sous forme de parallélipipèdes. Dans les allures très régulières, ce charbon est assez dur; il contient généralement de la pyrite.

Le charbon demi-gras à courte flamme s'allume assez difficilement, il colle encore, mais faiblement ; sa flamme est courte, mais assez brillante. Il brûle plus lentement que les espèces précédentes, donne une chaleur très forte et uniforme, et produit peu de fumée. Il convient beaucoup pour le chauffage des chaudières à vapeur, des locomotives et pour les foyers domestiques. Déduction faite des cendres, il contient de 81 à 90 pour cent de carbone fixe et de 19 à 10 pour cent de matières volatiles.

6° Charbon maigre. Cette qualité de charbon n'est pas exploitée au Couchant de Mons, on ne la rencontre que dans les affleurements de quelques couches qui se trouvent à la limite extrême du bassin.

Le charbon maigre s'allume très difficilement, brûle presque sans flamme, sans aucune agglutination. Il ne convient guère que pour la cuisson des briques et de la chaux, et souvent encore on le mélange avec d'autres charbons.

On pourra voir dans le tableau représentant la superposition des concessions avec la succession des principales couches, quelles sont les concessions qui renferment les diverses classes de charbon. Dans le tableau suivant, je donnerai par charbonnages et par catégories de charbon les quantités extraites en 1877.

DÉSIGNATION DES CLASSES.	Contenance en carbone fixe et en matières volatiles, abstraction faite des cendres.		GROUPE DE COUCHES PAR QUALITÉ DE CHARBON.	CHARBONNAGES QUI ONT EXPLOITÉ CES QUALITÉS EN 1877 ET QUANTITÉS EXTRAITES EN TONNEAUX.
	Carbone fixe.	Matières volatiles.		
Charbon flénu proprement dit.	58 à 62	42 à 38	De la Veine supérieure du bassin à la couche Petit Gaillet.	Levant du Flénu 365,650 Belle-et-Bonne 214,950 Produits 340,700 Rieu-du-Cœur 176,900 } 1,626,800 Grand-Hornu 214,700 Hornu et Wasmes 195,600 Ouest de Mons 118,300
Charbon flénu gras.	67 à 71	33 à 29	De la couche Petit-Gaillet à la couche Buisson.	Produits 173,600 Rieu-du-Cœur (Couch^{ant} du Flénu, 24 actions, Bas-Flénu, Midi du Flénu). 178,100 } 525,100 Hornu et Wasmes 75,400 Grand-Buisson 44,200 Ouest de Mons 53,800
Charbon demi-gras à longue flamme.	70 à 76	30 à 24	De la couche Buisson à l'Angleuse de Crachet Picquery ou Patin-des-bois de l'Escouffiaux ou Longterne de Dour.	Rieu-du-Cœur 209,700 Buisson 100,500 Crachet-Picquery 131,100 Bonne-Veine 98,400 } 766,400 Escouffiaux 136,900 Grande machine à feu de Dour. 89,800
Charbon gras.	75 à 82	25 à 18	De la couche précédente à l'Auvergies de Frameries ou Masset de Dour.	Longterne-Ferr^{and} 58,100 G^{de}-V^{ne} du Bois d'"pinois 42,800 Belle-Vue 147,400 Midi de Dour 56,600 G^{d}-Bouillon et G^{de}-V^{ne}-du-Bois de St-Ghislain 51,200 } 599,800 Agrappe et Grisœuil 227,400 Ciply 16,300
Charbon demi-gras à courte flamme.	81 à 90	19 à 10	De la couche précédente jusque et y compris la couche G^{d} Bouillon sur Pâturages ou G^{d} Renon sur Dour.	Chevalière et Midi de Dour 10,600 G^{d}-Bouillon du Bois de St-Ghislain 33,700 } 62,300 G^{d}-Bouillon sur Pâturages 18,000
Charbon maigre.	»	»	»	»
				3,580,400^{tx}.

Dans une note publiée dans l'*Annuaire de l'Association des Ingénieurs sortis de l'école de Liége* (1876), M. Renier Malherbe faisait parfaitement ressortir l'importance considérable de l'analyse des charbons et la nécessité de les opérer d'après une méthode uniforme[1]. On ne peut que se rallier à cette excellente idée, surtout lorsque l'on constate, comme je le fais en ce moment, combien les résultats obtenus par diverses analyses particulières manquent d'ensemble ou sont défectueux. J'ai dû en écarter un grand nombre et me borner, dans le troisième tableau ci-après, à ne présenter que les données certaines.

Le premier tableau est celui dressé en 1846 par la Commission des procédés nouveaux.

Le second est tiré de la remarquable étude de M. de Marsilly sur les principales variétés de houilles consommées sur le marché de Paris, publiée en 1857 dans les *Annales des mines de France*.

Enfin, j'ai dressé le troisième tableau d'après le premier en calculant la quantité de carbone et de matières volatiles, abstraction faite des cendres ; j'y ai ajouté les résultats de plusieurs analyses particulières.

---

1. Voir aussi l'important travail de M. Paul Havrez sur la constitution des houilles, même *Annuaire* (1874), et le mémoire de M. Hilt, *Bulletin* de la même association, n° 3 (1873).

ESSAIS DOCIMASTIQUES

*des houilles propres à la fabrication du coke, dans le 1ᵉʳ district des mines
(arrondissement de Mons), rangés d'après la quantité de carbone fixe.*

TABLEAU Nº 1.

DÉSIGNATION DES MINES.	NOMS DES SIÉGES D'EXPLOITATION.	DÉSIGNATION DE LA COUCHE ESSAYÉE				COMPOSITION DES HOUILLES				Quantité de coke pour % de houille.
		NOMS.	ALLURES.	Puissance.	Profondeur.	Carbone.	MATIÈRES volatiles.	terreuses.	Pyrite.	
Agrappe et Griscœuil.	Nº 12.	Nº 4 et Nº 5 réunies.	Plateure.	2,10	230	80,760	16,923	2,218	0,099	83,05
Longterne-Trichères.	Nº 2.	Longterne.	Dressant.	0,90	294	77,608	21,075	1,275	0,042	78,92
Agrappe et Griscœuil.	Nº 2.	5 paulmes.	Plateure.	0,90	348	77,516	20,007	2,245	0,232	79,93
Agrappe et Griscœuil.	Nº 3.	Grande-Séreuse.	Id.	1,30	358	76,716	19,121	3,798	0,365	80,78
Grande-Veine du Bois d'Epinois.	Nº 2.	Grande laie de la Grande-Veine.	Dressant.	0,93	»	76,685	20,040	3,048	0,227	79,96
Grande-Veine du Bois d'Epinois.	Nº 2.	Petite laie de la Grande-Veine.	Id.	0,56	208	75,339	19,524	4,560	0,577	80,32
Belle-Vue, à Elouges.	Nº 8.	Grande-Chevalière.	Id.	0,60	233	75,207	19,567	5,106	0,720	80,40
Gᵈᵉ-machine à feu de Dour.	Nº 4.	Angleuse.	Id.	0,66	»	74,219	19,312	6,329	0,140	80,65
Jolimet et Roinges.	Sᵗᵉ Marie-Vict.	Nº 2.	Id.	0,80	210	73,486	16,700	9,593	0,221	83,24
Grande-Veine du Bois d'Epinois.	Nº 4.	Longterne.	Id.	0,65	183	72,942	23,770	3,144	0,144	76,22
Belle-Vue, à Elouges.	Nº 2.	Petite-Chevalière.	Id.	1,25	290	72,011	18,885	9,116	0,018	81,14
Grand-Bouillon du Bois de Sᵗ-Ghislain.	Nº 2.	Mouton.	Id.	0,90	239	70,916	17,650	11,349	0,085	82,35
Escouffiaux.	Nº 1.	Abbaye.	Plateure.	0,88	282	69,115	27,625	3,144	0,116	72,37
Id.	Nº 7.	Veine-à-forges.	Dressant.	0,65	245	67,446	26,477	5,806	0,271	73,45
Grand-Buisson.	Nº 2.	Rouilleau.	Id.	0,52	270	67,415	29,117	3,271	0,197	70,87
Id.	Nº 2.	Buisson.	Id.	1,14	270	67,362	27,930	4,411	0,297	71,99
Grande-machine à feu de Dour.	Nº 1.	Abbaye.	Id.	0,75	213	67,187	23,487	8,731	0,595	76,35
Rieu-du-Cœur.	Sᵗᵉ-Julie.	Payez.	Plateure.	0,45	356	66,425	29,023	4,193	0,359	70,87
Id.	Id.	Maton.	Id.	0,82	356	66,276	29,789	3,708	0,227	70,15
Escouffiaux.	Nº 7.	Ferté.	Dressant.	0,56	245	66,003	27,673	6,225	0,099	72,30
Id.	Nº 7.	Grands-Andrieux.	Id.	0,95	155	65,526	28,434	5,611	0,429	71,45
Rieu-du-Cœur.	Sᵗ-Placide.	Dure-Veine.	Plateure.	0,61	382	65,419	30,186	3,973	0,422	69,70
Id.	Sᵗ-Séraphin.	Veine-à-la-pierre.	Dressant.	0,75	125	65,126	31,596	2,672	0,606	68,24
Grande-machine à feu de Dour.	Nº 1.	Plate-Veine.	Plateure.	0,59	247	65,017	27,852	6,510	0,621	71,97
La Boule.	Sᵗ-Félix.	Bouleau.	Id.	0,50	205	62,445	31,924	3,985	1,646	67,62
Id.	Sᵗᵉ-Désirée.	Grand-Buisson.	Dressant.	0,63	275	62,411	28,308	9,052	0,229	71,62
Grand-Buisson.	Nº 1.	Bibée.	Id.	0,80	300	59,939	24,346	15,516	0,199	75,59

Tableau N° 2.

DÉSIGNATION DE LA HOUILLE.	DENSITÉ.	DÉDUCTION FAITE DES CENDRES.				RAPPORT DU RÉSIDU DE LA CALCINATION AU CARBONE.	POUVOIR CALORIFIQUE.	OBSERVATIONS.
		HYDROGÈNE.	CARBONE.	OXYGÈNE ET AZOTE.	RÉSIDU de la CALCINATION.			
Houilles flénu sèches.								
Haut-Flénu.	1,258	5,46	83,53	11,01	63,32	75	6,920	
Belle-et-Bonne, fosse n° 21, couche Petite-Cossette.		5,80	84,33	9,87	61,01	72	7,082	
Belle-et-Bonne, fosse n° 21, couche Grande-Houbarte.		5,66	83,33	11,01	64,36	77	6,946	Coke fritté.
Levant du Flénu.	1,293	5,31	84,38	10,31	66,37	78	6,966	
Couchant du Flénu.		5,55	84,36	10,09	64,36	76	7,023	
Midi du Flénu, maigre.		5,24	85,27	9,49	63,76	74	7,039	
Id. demi-gras.		5,21	84,91	9,88	65,11	76	6,966	
Houilles flénu grasses.								
Grand-Hornu.		5,78	85,46	8,76	67,48	78	7,103	
Nord-du-Bois-de-Boussu , fosse Sentinelle , couche Grand-Gaillet.		5,50	84,70	9,80	67,20	79	7,049	
Nord-du-Bois-de-Boussu, fosse Alliance.		5,78	84,26	9,96	67,73	80	7,072	Coke bien formé.
Grand-Buisson.	1,255	5,59	86,37	8,04	69,03	79	7,234	
Houilles dures (demi-grasses).								
Escoufflaux.		5,61	86,98	7,41	72,30	83	7,297	
Baron-de-Meklembourg (Grande-Machine à feu de Dour).	1,272	5,39	87,36	7,25	71,27	81	7,281	Coke bien formé.
Ste-Hortense (Bonne-Veine).		5,35	86,78	7,77	74,68	86	7,290	
Houilles fines forges (grasses maréchales).								
Ferrand (Longterne-Ferrand).		4,67	87,30	8,03	74,36	85	7,101	
Élouges (Grande-Veine du Bois d'Epinois).		5,11	87,93	6,96	74,50	84	7,270	
Agrappe, couche Cinq-Paulmes.	1,261	4,90	88,85	6,25	78,28	88	7,311	
Id. couche Grande-Séreuse.		5,04	88,25	6,71	79,65	90	7,285	Coke bien formé.
Belle-Vue, fosse n° 8.	1,275	4,62	89,10	6,28	79,96	89	7,268	
Jolimet et Roinge.		4,96	90,49	4,55	80,14	88	7,460	

RÉSULTATS D'ANALYSES

classés d'après la quantité de carbone fixe et de matières volatiles

abstraction faite des cendres.

TABLEAU Nº 3.

DÉSIGNATION DES MINES.	SIÈGES D'EXPLOITATION.	Désignation de la couche essayée		CARBONE FIXE.	MATIÈRES VOLATILES.
		NOMS.	Profondeurs.		
Grand-Bouillon sur Pâturages.	Nº 1.	Petit-Bouillon.	301	92,80	7,20
Grand-Bouillon sur Dour.	Nº 1.	Grand-Bouillon.	»	87,42	12,58
Grand-Bouillon sur Pâturages.	Nº 1.	Chevalière-Sud.	301	83,40	16,60
Grand-Bouillon sur Pâturages.	Nº 1.	Grand-Bouillon.	301	82,80	17,20
Agrappe.	Nº 12.	Nº 4 et Nº 5.	230	82,676	17,324
Grand-Bouillon sur Dour.	Nº 5.	Grande-Godinette.	»	81,71	18,29
Grand-Bouillon sur Pâturages.	Nº 1.	Rossignol.	301	81,600	18,400
Jolimet et Roinge.	Ste-Marie-Victoire.	Nº 2.	210	81,483	18,517
Grand-Bouillon sur Dour.	Nº 5.	Petite-Godinette.	»	81,060	18,940
Grand-Bouillon sur Dour.	Nº 5.	Mouton.	239	81,060	18,940
Grand-Bouillon sur Dour.	Nº 5.	Mouton.	»	80,071	19,929
Agrappe.	Nº 3.	Grande-Séreuse.	358	80,049	19,951
Agrappe.	Nº 2.	Cinq Paulmes.	348	79,485	20,515
Grande-Veine d'Epinois.	Nº 2.	Gde-Veine-Pte-Laie.	208	79,419	20,581
Belle-Vue.	Nº 8.	Grande-Chevalière.	233	79,354	20,646
Grande-Machine à feu de Dour.	Nº 4.	Angleuse.	»	79,352	20,648
Grande-Veine d'Epinois.	Nº 2.	Gde-Veine-Gde-Laie.	208	79,281	20,719
Belle-Vue.	Nº 2.	Petite-Chevalière.	290	79,250	20,750
Longterne-Trichères.	Nº 2.	Longterne.	294	78,644	21,356
Ciply.	Nº 1.	Nº 16.	290	76,650	23,350
Ciply.	Nº 1.	Nº 17.	290	76,000	24,000
Ciply.	Nº 1.	Nº 14.	290	75,680	24,320
Grande-Veine d'Epinois.	Nº 4.	Longterne.	183	75,422	24,578
Grande-Machine à feu de Dour.	Nº 1.	Abbaye.	213	74,097	25,903
Escouffiaux.	Nº 7.	Veine à forges.	245	71,810	28,190
Grand-Buisson.	Nº 1.	Bibée.	300	71,114	28,886
Grand-Buisson.	Nº 2.	Buisson.	270	70,690	29,310
Escouffiaux.	Nº 7.	Ferté.	245	70,459	29,541
Grande-Machine à feu de Dour.	Nº 1.	Plate-Veine.	247	70,009	29,991
Grand-Buisson.	Nº 2.	Bouleau.	270	69,837	30,163
Rieu-du-Cœur.	Sainte-Julie.	Veine à forges.	623	69,810	30,190
Escouffiaux.	Nº 7.	Grand-Andrieux.	155	69,738	30,163

TABLEAU N° 3 (Suite).

DÉSIGNATION DES MINES.	SIÈGES D'EXPLOITATION.	Désignation de la couche essayée		CARBONE FIXE.	MATIÈRES VOLATILES.
		NOMS.	Profondeurs.		
Rieu-du-Cœur.	12 actions, N° 5.	Soumillarde.	514	69,740	30,260
Id.	Sainte-Julie.	Payez.	356	69,593	30,407
Id.	Id.	Bibée.	623	69,260	30,740
Id.	Id.	Maton.	356	68.991	31,009
Id.	Sainte-Désirée.	Grand-Buisson.	275	68,796	31,204
Id.	12 actions, N° 5.	Gade.	455	68,680	31,320
Id.	Sainte-Julie.	Plate-Veine.	623	68,620	31,380
Id.	Saint-Placide.	Dure-Veine.	382	68,427	31,573
Id.	Sainte-Julie.	Toute-Bonne.	623	68,190	31,810
Id.	12 actions, N° 2.	Dure-Veine.	514	67,910	32,090
Id.	Saint-Séraphin.	Veine à la pierre.	125	67,333	32,667
Id.	12 actions, N° 2.	Grand faux corps.	327	67,040	32,960
Grand-Hornu.	N° 12.	Plate-Veine sous G^d Gail.	509	66,480	33,520
Rieu-du-Cœur.	Sainte-Julie.	Bouleau.	623	66,380	33,620
Id.	Saint-Félix.	Bouleau.	205	66,171	33,829
Id.	12 actions, N° 5.	Grand-Gaillet.	514	65,940	34,060
Belle-et-Bonne.	N° 21.	Grand-Houbarte.	»	64,360	35,640
Grand-Hornu.	N° 12.	Veine-à-Mouches.	509	61,910	38,090
Rieu-du-Cœur.	12 actions, N° 2.	Petit-Franois.	327	61,120	38,880
Belle-et-Bonne.	N° 21.	Petite Cossette.	»	61,010	38,990
Grand-Hornu.	N° 12.	Veine Édouard.	452	60,430	39,570

On reconnaît parfaitement, d'après ces tableaux, cette loi bien nette que la proportion des matières fines augmente au fur et à mesure que l'on descend dans la série des couches qui composent le bassin, tandis que la proportion des matières volatiles diminue.

On peut conclure aussi que la composition élémentaire des houilles ne diffère, pour celles de même qualité, qu'entre des limites assez resserrées.

D'après les analyses de M. de Marsilly, la proportion d'hydrogène varie comme suit :

Flénu secs, de   5,20 à 5,80 pour cent ; moyenne, 5,46.

Flénu gras, de   5,35 è 5,78   id.   id.   5,68.

Houilles dures, de   5,35 à 5,61   id.   id.   5,45.

Houilles fines forges de 5,11 à 4,62   id.   id.   4,88.

Elle semble n'avoir rien de bien caractéristique, sinon une diminution pour les houilles grasses qui, suivant M. Gruner[1], décroît encore pour les houilles maigres. Mais, en tenant compte du poids atomique des corps en présence, elle paraît au contraire présenter une grande importance dans le rôle qu'elle est appelée à remplir dans les combinaisons qui se forment.

La proportion d'oxygène et d'azote est :

Pour les flénu secs, de   11,01 à 9,49 pour cent ; moyènne, 10,23.
   Id.   flénu gras, de   9,96 à 8,04   id.   id.   9,14.
   Id.   houilles dures, de 7,77 à 7,25   id.   id.   7,477.
   Id.   fines forges, de   8,03 à 4,53   id.   id.   6,463.

On peut donc dire que la proportion d'oxygène et d'azote va en diminuant, au fur et à mesure que l'on descend dans la série des couches (l'azote n'entre que pour 1 à 1,4 pour cent et semble augmenter en profondeur).

Un point très important est d'établir, comme le fait M. Gruner, le rapport entre la quantité d'oxygène et d'azote et la quantité d'hydrogène. C'est ce que j'ai déterminé d'après les données de M. de Marsilly :

Flénu secs, 1,873 ; flénu gras, 1,600 ; houilles dures, 1,371 ; houilles grasses, 1,324.

Une série d'analyses élémentaires par couches parviendrait sans doute à établir la relation qui doit exister entre ce rapport et la propriété d'agglutination que possèdent certaines catégories de charbon ; des études plus suivies pourraient peut-être également faire découvrir une relation avec le grisou que renferment nos couches grasses et demi-grasses.

Un autre élément qui, comme le fait remarquer M. de Marsilly, joue un grand rôle dans la manière dont les houilles se comportent au feu, c'est le rapport entre le carbone total et le carbone qui reste dans le résidu de la calcination, lequel se compose uniquement de carbone et de cendres.

On voit, dans une colonne spéciale du tableau n° 2, qu'au fur et à mesure qu'on se rapproche des charbons gras, la partie de carbone qui se dégage avec les matières volatiles est de plus en plus faible. On en est mieux frappé encore lorsque l'on soustrait les chiffres du résidu de la calcination de ceux du carbone total ; on arrive ainsi aux résultats suivants :

Flénu secs   (moyenne),   84,30 — 64,04 = 20,26.
Flénu gras   id.   85,19 — 67,86 = 17,33.
Houilles dures   id.   87,04 — 72,75 = 14,33.
Houilles grasses id.   88,65 — 77,81 = 10,84.

Cette quantité de carbone, évaporable ou volatile, si je puis m'exprimer ainsi, diminue très rapidement en descendant dans la série des couches.

---

1. *Annales des mines*, 7º série, tome IV.   12

En établissant le rapport entre la quantité de carbone évaporable ou volatile à celle de l'hydrogène qui reste en excès après avoir transformé l'oxygène en eau, on trouve :

Pour les flénu secs,   4,68.
   Id.   flénu gras,   3,71.
   Id.   houilles demi-grasses, 3,07.
   Id.   houilles grasses   2,32.

On remarquera donc qu'en arrivant dans nos houilles grisouteuses, ce rapport se rapproche davantage de celui qui se présente dans le grisou et qui est de 1/3 ; dans les flénu, au contraire, la proportion est celle d'hydrocarbures plus riches en carbone, à molécules lourdes et volumineuses, plus difficiles à se volatiliser et qui ne se dégageraient que sous l'influence de la chaleur.

Il résulte des expériences faites par M. de Marsilly, que les houilles qui proviennent des mines à grisou dégagent ce gaz à faible température, tandis que les houilles qui proviennent de mines où le grisou est inconnu ne dégagent des matières gazeuses qu'à des températures assez élevées ; ces gaz consistant principalement en azote avec un peu d'acide carbonique ; c'est ainsi qu'il cite des essais sur des houilles maigres flénu où le dégagement des gaz n'a commencé qu'à 140°.

« C'est moins par l'augmentation de la quantité totale de carbone que par l'augmentation « relative du carbone fixe, que se distinguent les houilles des diverses catégories », et l'on peut déjà prévoir, ajoute M. de Marsilly, que les pouvoirs calorifiques suivent la même loi que les proportions de carbone.

D'après M. de Marsilly, on trouve pour les charbons de Mons les pouvoirs calorifiques suivants :
Flénu secs, de   6,920 à 7,082.
Flénu gras, de   7,046 à 7,234.
Houilles dures, de 7,281 à 7,294.
Houilles grasses, de 7,101 à 7,460.

Entre le pouvoir calorifique le plus faible et le plus élevé, la différence est de 8 pour cent.

Je terminerai ce paragraphe sur la constitution et la classification des houilles du Couchant de Mons en donnant le tableau extrait du beau travail de M. Gruner résumant les expériences faites par M. Scheurer, par les marines nationales d'Angleterre et de France, et par le docteur Brin, de Berlin. Ce tableau démontrera la concordance entre les houilles de notre bassin et celles de l'ensemble des bassins anglais, allemand et français.

CLASSES DES HOUILLES.	PROPORTION MOYENNE PAR 100 DE HOUILLE PURE DE		NATURE ET ASPECT DU COKE.	POUVOIR CALORIFIQUE.	POUVOIR CALORIFIQUE INDUSTRIEL. Eau à 0° vaporisée à 112° par kil. de houille pure.
	COKE.	MATIÈRES VOLATILES.			
1° Sèches à longue flamme. . . .	55 à 60	45 à 40	Pulvérulent.	8000 à 8500	6^k,70 à 7^k,50
2° Grasses à gaz à longue flamme. .	60 à 68	40 à 32	Aggloméré poreux.	8500 à 8800	7^k,60 à 8^k,30
3° Grasses fondantes de forges. . .	68 à 74	32 à 26	Fondu.	8800 à 9300	8^k,40 à 9^k,20
4° Grasses à coke dur à courte flamme.	74 à 82	26 à 18	Fondu, compacte.	9300 à 9600	9^k,20 à 10^k,00
5° Maigre ou anthraciteuse. . . .	82 à 90	18 à 10	Pulvérulent.	9200 à 9500	9^k,00 à 9^k,50

Les deux premières classes correspondent à nos deux catégories de charbon flénu, abstraction faite d'une série supérieure qui n'existe pas dans notre bassin ou qui n'y serait représentée en partie que par les veines supérieures du Grand-Hornu, qui seules donnent un rendement en coke un peu inférieur à 60 pour cent, déduction faite des cendres. La troisième classe correspond à nos demi-gras à longue flamme. La quatrième est le niveau de nos charbons gras. Quant à la cinquième, elle représente ma série demi-grasse à courte flamme qui forme la transition entre les charbons gras et les charbons complétement maigres, et dans laquelle je range des couches de notre bassin que l'on ne peut certainement faire rentrer dans la classe des charbons maigres.

On a cru pendant longtemps que le grisou n'existait dans nos mines qu'à partir de la couche Gade ; le développement des travaux dans les grandes plateures démontre aujourd'hui qu'il se rencontre à des niveaux très différents suivant les localités.

Au charbonnage du Bois-de-Boussu, ce gaz existe dans les veines les plus supérieures du bassin et de la série des flénu, il s'est manifesté entre autres dans la couche Morette.

A Hornu et Wasmes, la présence d'une faible quantité de grisou a été constatée dans la couche Grande-Veine contre une fissure de terrain.

Au Couchant du puits N° 4 et à 400 mètres de la limite de Boussu, on le rencontre dans les couches Bechée et Houbarte, tandis que, dans la partie Levant de la concession, le grisou n'apparaît que beaucoup plus bas dans la série des couches et aux environs du Petit-Gaillet.

Au Grand-Hornu, les premières traces de grisou ont été remarquées exceptionnellement dans la veine Grand-Gaillet et l'on en trouve à peine dans la couche Soumillarde.

Au puits N° 5 du Couchant du Flénu, on n'a rencontré de grisou qu'aux approches de la Dure-Veine. Cependant au puits N° 2 de ce charbonnage, situé au Levant du puits N° 5, une légère inflammation a eu lieu anciennement dans la couche Soumillarde, supérieure à la Dure-Veine.

Au charbonnage des Produits, puits N° 20, le niveau du grisou remonte assez fortement ; c'est ainsi que, près de la Naye et dans une galerie abandonnée, on a constaté du grisou dans la couche Grande-Veine à l'aune. La Veine-à-Terre en a donné exceptionnellement, mais la couche Gade est plus spécialement considérée pour ce charbonnage comme étant la première veine grisouteuse.

Ces faits remarquables deviendront beaucoup plus frappants en faisant intervenir l'épaisseur des stampes qui séparent les veines précitées : De la couche Morette, considérée comme une des premières veines grisouteuses à Boussu, à la couche Grande-Bechée envisagée comme premier niveau à grisou dans la partie occidentale de la concession d'Hornu et Wasmes, la distance normale aux stratifications est de 250 mètres. Entre cette dernière couche et la Dure-Veine, qui au N° 5 du Couchant du Flénu renferme les premières traces de grisou, la stampe est de 330 mètres.

Ainsi donc, entre le niveau grisouteux du Bois-de-Boussu et celui du Couchant du Flénu, et l'on peut même dire de celui du Grand-Hornu, il se trouve l'énorme distance de 580 mètres, et l'on sait que la concession du Grand-Hornu est contigue à celles du Bois-de-Boussu et d'Hornu et Wasmes.

Enfin de la Dure-Veine du Couchant du Flénu le niveau grisouteux remonte de 110 mètres pour atteindre la veine Gade des Produits [1].

Aucune explication n'a été donnée au sujet de la présence du grisou à des niveaux si variables ; on est cependant porté à admettre, par analogie avec ce que l'on observe dans les allures repliées, que le recouvrement des couches à Boussu par une assez forte épaisseur des terrains dévoniens a dû apporter un grand obstacle à l'évacuation du grisou. Peut être aussi, les cassures qui ont été le résultat de cet accident ont-elles pour effet d'amener du grisou des stratifications inférieures.

Il est aussi à remarquer que la nature des charbons paraît être un peu modifiée et semble différente des charbons flénu des communes de Jemappes, Cuesmes et Quaregnon.

Les diverses circonstances locales qui ont présidé à la formation des couches et à leur enfouissement successif, ont dû non seulement produire ces variations de composition des couches que l'on remarque si fréquemment d'un point à un autre souvent très voisin, mais aussi avoir eu une influence sur la proportion du grisou qu'elles renferment.

En thèse générale et *en ce qui concerne seulement le gisement des grandes plateures*, je suis également d'avis que le niveau grisouteux en une région d'un bassin, est en proportion non seu-

---

1. On trouve le grisou non seulement dans les couches, mais souvent aussi dans les terrains avoisinants ; c'est ainsi qu'au charbonnage du Bois-de-Boussu le creusement de certains bouveaux a été fréquemment interrompu à cause de la grande quantité de gaz qui se dégageait par des *coupes* (cassures) dans les terrains.

lement avec la position relative des couches qu'il renferme dans la série générale des veines, mais aussi avec la profondeur que cés couches occupent par rapport à la surface du terrain houiller après sa dénudation. Il est très présumable en effet que dans la longue période pendant laquelle le terrain houiller est resté à découvert, le grisou de la zone la plus rapprochée du sol primitif aura pu se dégager quelle que soit la nature des charbons qu'elle renferme.

On sait que c'est dans la région du Midi et dans les allures repliées que l'on rencontre le plus de grisou, tant dans les couches que dans les terrains eux-mêmes; c'est là un fait général qui s'observe non seulement au Couchant de Mons, mais également dans les mines du Centre, de Charleroi et de Liége. Le bassin du Couchant de Mons est cependant de tous celui où le grisou existe avec la plus grande abondance. La preuve en est, entre autres, dans les nombreux cas de dégagements instantanés avec projection de charbon, dont nos mines du Midi ont été le théâtre.

A l'occasion d'une étude spéciale de ces accidents, étude qui sera publiée prochainement, j'ai fait le relevé de tous les cas d'éruption spontanée de gaz et de charbon survenus en Belgique ; le Couchant de Mons en compte 38 alors que Liége, Charleroi et le Centre ensemble n'ont donné lieu qu'à 19 de ces cas. Dans ce chiffre de 38, je n'ai même compris que les dégagements les plus importants.

Dans le bassin de Liége, trois couches sont sujettes à ces accidents : ce sont les couches Malgarnie de l'Espérance, Stenaye de Cockerill et de Marihaye et Graway du Val-Benoit.

Six à sept couches ont occasionné des irruptions subites au Centre et à Charleroi.

Les couches du bassin de Mons qui ont donné lieu à des dégagements instantanés sont, d'après leur ordre de superposition et en allant du Nord au Midi :

1º Dans le district de Dour et d'Élouges : Longterne, Grande-Veine, Petite-Chevalière, Six-Paulmes, Deux-Laies, Grand-Masset, Petite-Godinette, Grande-Godinette, Grand-Bouillon et Grand-Renom.

Elles sont exploitées dans les charbonnages suivants : Grande-Veine du Bois-d'Épinois, Longterne-Ferrand, Longterne-Trichères, Belle-Vue, Chevalières et Midi de Dour, Grande-Veine et Grand-Bouillon du Bois de Saint-Ghislain et Grand-Bouillon sur Pâturages.

2º Dans le district de Frameries : Plate-Veine, Petit-Samain, Grande-Séreuse et Grande-Veine-l'Évêque.

Elles sont toutes exploitées dans les charbonnages de l'Agrappe et Grisœul.

Indépendamment de ces couches, il existe des fauniaux, layettes, etc., non exploitées, qui, rencontrées dans des bouveaux, ont donné lieu à des irruptions.

Toutes les couches précitées appartiennent à la série des couches à houille grasse maréchale, à l'exception des couches Grande et Petite-Godinette, classées parmi les couches demi-grasses à courte flamme et des couches Grand-Bouillon et Grand-Renom, qui se rapprochent de la série maigre. Hormis ces deux veines, et peut-être aussi les Godinettes, les autres produisent les charbons les plus renommés pour la fabrication du coke et pour l'alimentation des feux de forges dont la série commence avec la couche Longterne. La Plate-Veine sous l'Angleuse est, dans le district de Frameries, la deuxième veine de la même série.

De ces veines, trois renferment la houille daloïde en grande quantité : le Longterne, la Petite-Chevalière et la Grande Séreuse.

Entre ces différentes couches, il en existe d'autres qui n'ont jamais donné lieu à des irruptions spontanées.

De ce nombre se trouvent dans le district de Dour :

a) Veine-à-Forges et Veinette, comprises entre le Longterne et la Grande-Veine.

b) Moreau, Auvergies de Dour, et Grande-Chevalière, comprises entre la Grande-Veine et la Petite-Chevalière.

c) Le Grand-Mouton, qui se trouve entre le Petit-Mouton ou Six-Paulmes et la couche Deux-Laies.

d) Le Petit-Masset, qui est intercalaire entre le Grand-Masset et la Petite-Godinette.

e) Enfin une série de couches peu exploitées, comprises entre les Godinettes et le Grand-Bouillon.

De même dans le district de Frameries.

f) Pouilleuse et Grand-Samain, entre Plate-Veine et Petit-Samain.

g) Chauffournoise-Nord et Naye, comprises depuis le Petit-Samain jusqu'à Cinq-Paulmes.

h) Picarde et Veine-à-Forges, gisantes de Cinq-Paulmes à Grande-Séreuse.

i) Toute-Bonne, intercalaire entre Grande-Séreuse et Grande-Veine-L'Evêque.

Il résulte encore de l'étude que j'ai faite de cette intéressante question, qu'aucun dégagement instantané n'a été signalé antérieurement à 1847, ni à une profondeur moindre de 280 mètres. Pour le Couchant de Mons, ils se répartissent comme suit :

De 280 à 300 mètres, 1 accident.
» 300 » 350 » 2 »
» 350 » 400 » 6 »
» 400 » 450 » 6 »
» 450 » 500 » 13 »
» 500 » 550 » 5 »
» 550 » 600 » 2 »
» 600 » 650 » 2 »
» 650 » 700 » 0 »
» 700 » 750 » 1 »

On voit d'après ce tableau que jusqu'au niveau de 500 mètres, le nombre d'accidents augmente avec la profondeur; mais de la décroissance que l'on observe sous ce niveau on ne peut
rien conclure, car il n'y a relativement que peu de travaux en activité en dessous de 500 mètres
(la moyenne de la profondeur des puits au Borinage est de 440 mètres actuellement), et il est à
craindre que le développement des travaux et de l'exploitation dans les couches atteintes aux
nouveaux étages inférieurs, ne vienne grossir le chiffre des accidents de l'espèce.

§ 4ᶜ.

ACCIDENTS DU TERRAIN HOUILLER. — FAILLES. — PUITS NATURELS.

Les deux accidents les plus importants qui ont affecté le terrain houiller du Couchant de Mons,
ont été la grande faille du midi que j'ai décrite précédemment et l'accident dit de Boussu. Il
existe en outre de nombreuses fractures qui sillonnent le bassin et enfin un certain nombre de
puits naturels.

Je parlerai d'abord de l'accident de Boussu qui est l'un des plus remarquables au point de
vue géologique, et qui a donné lieu aux hypothèses les plus diverses.

Voici les faits :

On sait déjà que c'est vers la limite des communes de Boussu et d'Hornu que se trouvent les
couches les plus supérieures du bassin et que le système houiller offre son maximum de puissance ; c'est cependant à peu de distance au Sud-Ouest que l'on rencontre, dans le ravin du
ruisseau du Hanneton, des affleurements de calcaire bleu qui a été exploité comme pierre à bâtir et
pour la fabrication de la chaux ; Dumont a trouvé que le calcaire avait en cet endroit une largeur de
162 mètres ; l'inclinaison moyenne dans la carrière étant de 40°, l'épaisseur verticale du calcaire serait de 104ᵐ,13. Un peu plus au Nord de ce point, on observe, dans les nouvelles tran-
chées du chemin de fer, la présence d'un poudingue de l'étage dévonien comme le calcaire.

Au puits Sentinelle on a traversé d'abord 21 mètres de terrains quaternaire et crétacé, puis
15 mètres de calcaire bleu incliné au Nord ; la fosse est entrée ensuite dans le terrain houiller.
Un bouveau Nord, pris à l'étage de 457 mètres, a atteint la longueur de 760ᵐ sans rencontrer
le calcaire et, de plus, un trou de sonde vertical de 50ᵐ de hauteur, pratiqué à l'extrémité,
n'est pas sorti du terrain houiller. D'après l'inclinaison des terrains à l'extrémité du bouveau
(32 1/2° N.), cette hauteur correspond à une distance horizontale de 83ᵐ à ajouter à la longueur du bouveau.

Au puits Vedette, au contraire, on était entré directement dans le terrain houiller, mais en

1875, une galerie à travers-bancs dirigée au Nord, à 436ᵐ de profondeur, a atteint, à 660ᵐ du puits, un banc de calcaire « contre lequel, en concordance avec le joint, se trouve une layette « de 10 à 15 centimètres de puissance; sur cette layette repose, en stratification concordante, « 15 à 20 centimètres de calcaire plus ou moins schistoïde, peu résistant. Au-dessus de ce « premier lit le calcaire est compacte et très résistant, sa texture est granitoïde. Ce banc est « traversé de nombreuses veines blanches cristallines, souvent accompa gnées de pyrites. L'in- « clinaison de la surface de contact avec le terrain houiller est de 22 degrés vers le Nord[1] ».

A 450ᵐ au Nord-Est de ce puits, la Société du Nord du Bois de Boussu voulut faire creuser en 1843 un nouveau siége portant le n° 10 et le nom Avant-Garde; il a rencontré les terrains suivants :

    1° Terrain crétacé 16ᵐ,00

    2° Schiste bleu ardoisé, satiné, divisible en feuillets imparfaits 37ᵐ,00

    3° Poudingue formé de galets souvent volumineux, de quartz blanc, de quartzites divers et de grès gris, réunis en une masse cohérente par un ciment siliceux. On y trouve des bancs de psammites 17ᵐ,00

    4° Schiste gris, un peu pailleté, souvent calcareux, avec des bancs minces et des noyaux de calcaire. 17ᵐ,00

    5° Calcaire bleu avec quelques bancs de calschiste 27ᵐ,00

                                                    114ᵐ,00

Le creusement fut suspendu à cette profondeur à cause de l'abondance des venues d'eau et un sondage de reconnaissance fut poussé jusque 170ᵐ sans sortir du calcaire.

Un puits domestique creusé en 1876 à 200ᵐ environ au Nord du puits Avant-Garde a rencontré sous 17ᵐ de terrain quaternaire et crétacé des bancs de calcaire schisteux et de calschistes inclinés au Sud-Ouest sous un angle de 25 degrés. Ces bancs correspondent à ceux que le puits Avant-Garde a traversé entre les profondeurs de 70ᵐ et de 87ᵐ. On y a recueilli de nombreux fossiles et plus spécialement le *Spirifer Verneuilli* et l'*Atrypa Boloniensis*. (Voir pour les faits qui précèdent le plan de concession et les coupes joints à ce mémoire.)

A 2200ᵐ à l'Ouest du puits Vedette, la Société de Belle-Vue fit creuser sur le territoire de Thulin une nouvelle avaleresse, dite du Saint-Homme, qui fut visitée par André Dumont; voici, d'après cet illustre géologue, la description des roches rencontrées dans ce puits[2].

    1° 34 mètres de terrains tertiaire et crétacé (nommés *niveaux*);

1. Constatation faite par M. l'ingénieur Watteyne.
2. *Mémoire sur les terrains ardennais et rhénan,* page 488.

2° 78 mètres de schiste, divisible en feuillets imparfaits, à surface inégale, noir-bleuâtre, légèrement pailleté, renfermant quelquefois des enduits calcareux, et qui, par l'exposition à l'air, prend, en s'altérant, une couleur rembrunie, et se réduit en fragments irréguliers. Ce schiste présente des joints de stratification parallèles au clivage schisteux et inclinés au S. de 55°, quelques joints, parallèles entre eux, inclinés au N. d'environ 4°, et des fissures irrégulières. Il renferme des bancs de psammite plus ou moins argileux, noir-bleuâtre, pailleté, qui, de même que le schiste, brunit par l'action de l'air.

3° 34^m,50 d'un poudingue composé de cailloux inégaux de la grosseur d'un pois à celle d'un poing, la plupart consistant en quartzite ardennais et en grès gris-bleuâtre-foncé; les autres, en quartz blanc laiteux et en schiste analogue à celui du massif n° 2, réunis par un ciment siliceux ou psammitique, dans lequel se trouvent accessoirement de la sidérose lamellaire, du calcaire, de la pyrite et un peu de blende laminaire. Ce poudingue est en bancs puissants, séparés par des joints de stratifications bien distincts, inclinés au N. d'environ 4°, ou par quelques bancs très minces de schiste et de psammite pailleté, d'un gris bleuâtre-foncé, qui prennent, en s'altérant, une couleur brunâtre.

Entre le schiste n° 2 et le poudingue n° 3, la transition minéralogique est brusque. Le joint de séparation est inégal, à peu près incliné de 55° au S.¹, et coupe obliquement les bancs de poudingue, d'où l'on peut conclure que la stratification de ces derniers est en discordance avec celle du schiste qui les recouvre.

4° 25 mètres d'un massif composé de schiste et de psammite très souvent calcareux, passant au calschiste et au macigno. Le calcaire est tantôt intimement uni au schiste ou au psammite, et tantôt, sous forme de couches minces, ondulées, irrégulières, ou de noyaux allongés ou séparés par des feuillets schisteux. Ces roches sont d'un gris-bleuâtre-foncé, mais elles prennent promptement, lorsqu'elles ont été exposées à l'action de l'air, une couleur gris-jaunâtre ou brunâtre. On y trouve des bancs de calcaire argileux et des fossiles.

La stratification de cet étage est bien distincte et concorde avec celle du poudingue.

5° Enfin, lorsque je me suis rendu sur les lieux, les travaux d'approfondissement étaient poussés à 11 mètres dans des bancs de calcaire subcompacte d'un gris-bleuâtre-foncé, traversés par des veines de calcaire lamellaire blanc et de sidérose lamellaire altérable par l'action de l'air, séparés par des lits de schiste et de calschiste gris-bleuâtre-foncé, et dont la stratification concordait parfaitement avec celle des massifs n° 3 et n° 4.

---

1. Dans le mémoire on lit « incliné de 55° au N. » c'est évidemment une erreur d'impression, car dans son rapport manuscrit à la société générale, Dumont dit que « la surface de séparation est inégale, à peu près inclinée comme le joint de stratification du schiste n° 2. »

Beaucoup plus anciennement il se fit également sous le territoire de Thulin d'autres tentatives d'enfoncement de puits. Telles sont les fosses de St-Pierre et de St-Paul. La première située à 225^m au Nord de l'avaleresse du St-Homme, fut creusée en 1785 ; elle a rencontré, d'après les documents de l'époque, la base des dièves à 97 pieds, et à 6 mètres plus bas un *tourtia extraordinaire* de 9 pieds d'épaisseur, puis en dessous des quérelles à petits bancs bleuâtres avec limets charbonneux pendant légèrement au Sud. La seconde, située à 125^m au Nord de la première, fut creusée en 1786, et à la profondeur de 127 pieds elle a atteint le *même tourtia*.

Il est à présumer que ce *tourtia extraordinaire* était le même poudingue que celui de l'avaleresse. Le cuvelage de ces fosses a été réparé en 1841.

La fosse des Grands Arbres située au S.-O. de l'avaleresse du St-Homme, a été creusée en 1798. D'après un ancien registre, on est entré à la profondeur de 18 toises dans des *rocs en pendage de 5 pieds à la toise qui se fait sur le soleil de quatre heures*. On a arrêté l'enfoncement à 67 toises. Dans les mêmes rocs, « le pendage est de 3 pieds 5 pouces à la toise et se remet plus « au midi ». M. Delhaise, Directeur-gérant de la Société d'Hornu et Wasmes, qui en 1842 et 1843 a dirigé les travaux de l'avaleresse, m'a assuré que le terry des Grands Arbres démontrait que l'enfoncement de ce puits s'était fait dans les schistes siluriens semblables à ceux du St-Homme.

A 400 mètres environ au Nord-Est de la station de Quiévrain, un sondage exécuté en 1839 par M. le duc d'Aremberg, a rencontré le calcaire à 185^m,73.

Au-delà de la frontière, presque tous les sondages exécutés au Sud d'une ligne reliant le clocher de Crépin à celui d'Onnaing, ont rencontré du terrain dévonien ; les plus rapprochés du chemin de fer de Mons à Valenciennes ont atteint le calcaire. Deux sondages près de Quiévrechin ont recoupé le terrain houiller sous le dévonien.

Les divers points que je viens de citer sont figurés sur ma carte des concessions ; j'y ai tracé approximativement la limite Sud de la faille de Boussu ; quant à la limite Nord du calcaire elle est hypothétique, on ne possède que de trop faibles données pour l'établir avec une certaine approximation, toujours est-il qu'au Nord de cette ligne, divers sondages ont atteint directement le terrain houiller sous le mort terrain.

Ils ont fourni cependant des résultats importants à signaler : deux d'entre eux, situés sur le territoire d'Hensies, l'un à 420^m, l'autre à 1250 mètres, au Sud du clocher de cette commune, ont rencontré le terrain houiller en stratifications droites; au sondage Sud de la commune d'Hautrages le terrain houiller avait une inclinaison de 70°; le dernier sondage de la société du Grand-Hornu, situé dans le petit triangle non concédé à l'Ouest de St-Ghislain, a démontré que le terrain houiller y était en stratifications inclinées à 38° au Sud-Ouest, les couches affectent donc en ce point l'allure générale, en direction et en inclinaison, de celles de la partie Nord, du Grand-Hornu ;

de plus l'analyse des charbons recoupés par ce forage, prouve qu'ils appartiennent à la catégorie du flénu ce que leur aspect et leur manière de se comporter au feu indiquait déjà. Tels sont les faits observés.

Dans leur intéressant mémoire sur le relief du sol en Belgique après les temps paléozoïques, MM. Cornet et Briart étudient spécialement l'accident de Boussu et la présence des roches siluriennes et dévoniennes au centre du bassin. Ils établissent d'abord avec netteté que le poudingue et le calcaire de Boussu ne correspondent pas au poudingue de Wihéries et au calcaire d'Autreppe, mais qu'il faut rapporter ces deux roches à celles des environs d'Horrues qui, au Sud du bassin de Mons, sont recouvertes par les terrains amenés par la grande faille du Midi[1].

« Quelle que soit, disent MM. Cornet et Briart, la position que l'on choisisse sur le terrain « houiller, le long de sa lisière Sud superficielle, il ne peut être douteux pour aucun géologue, « que si d'un puits qui y serait enfoncé à une profondeur suffisante, on faisait partir une galerie « à travers-bancs dirigée vers le Sud, cette galerie sortirait du terrain houiller avec couches de « houille et atteindrait le prolongement de la crête du Condroz, sous le terrain dévonien, après « avoir traversé successivement les schistes noirs, le calcaire carbonifère, les psammites du « Condroz, le calcaire dévonien et le poudingue du versant Sud du bassin septentrional. »

Au Sud de ce poudingue se trouvent les schistes siluriens.

MM. Cornet et Briart développent ensuite une explication de l'accident de Boussu; voici le résumé qu'ils en donnent dans une note extraite des *Annales de la Société géologique du Nord*. (Lille, juin 1876.)

« Les phénomènes qui ont disloqué notre terrain houiller et qui ont donné à sa surface de contact « avec le terrain crétacé le relief qu'elle possède aujourd'hui, peuvent être considérés comme « divisés en plusieurs phases.

« PREMIÈRE PHASE. — Après la fin de l'époque houillère, les couches ont été refoulées en masse « et ont formé une immense selle renversée avec inclinaison au Sud.

« DEUXIÈME PHASE. — Les terrains se sont disloqués suivant la faille de Boussu qui a coupé « obliquement la selle. Toute la partie qui se trouvait au Nord a glissé, suivant la faille, d'une « quantité assez grande pour amener le calcaire dévonien sur le terrain houiller.

« La surface de notre contrée a présenté après la formation de la faille de Boussu, un relief aussi « accidenté que celui des régions les plus montagneuses de l'Europe actuelle.

« TROISIÈME PHASE. — Une seconde faille est venue ensuite modifier considérablement ce re-

---

1. Le poudingue d'Horrues et de Boussu est l'équivalent du poudingue de Wépion (près de Dave, province de Namur), que M. Gosselet désigne sous le nom de poudingue de Pairy-Bonier.

« lief. C'est celle dite le cran de retour d'Anzin. Elle a relevé d'une quantité considérable le
« versant septentrional du bassin houiller.

« QUATRIÈME PHASE. — Un nouveau refoulement s'est produit du Sud au Nord. La grande faille
« du Midi s'est formée et les terrains qui en formaient la salbande supérieure s'avançant au Nord
« sans se renverser, sont venus recouvrir le terrain houiller.

« CINQUIÈME PHASE. — Les grandes perturbations géologiques ont pris fin dans notre région
« qui fut occupée par des montagnes élevées, constituées par des schistes, des grès, des psam-
« mites et des calcaires siluriens, dévoniens et carbonifères. Le phénomène de la dénudation
« commença son action et la continua durant les périodes triasique, jurassique et la première
« partie de la période crétacée.

« Cette action ne se termina que pendant ou peu de temps après l'époque du gault, lorsque
« la surface dénudée du terrain houiller fut recouverte par les eaux qui déposèrent les couches
« auxquelles on a donné les noms de *grès vert* ou *meules* de Bracquegnies et de Bernissart. »
Cette théorie des plus ingénieuses est cependant loin d'expliquer tous les faits observés.

Une première difficulté est de se rendre compte de la disposition en bassin qu'affectent à
Boussu le calcaire et les couches dévoniennes et siluriennes renversées. MM. Cornet et Briart
ne trouvent eux-mêmes d'explication « que par l'existence d'un pli synclinal d'un bassin[1] ».

On sait déjà qu'au puits Sentinelle du Bois-de-Boussu une galerie à travers bancs, prise au
niveau de 457^m et dirigée au Nord, a été poursuivie sur 760 mètres de distance augmentée de
toute la hauteur d'un trou de sonde vertical de 40 mètres (ce qui, vu la faible pente, correspond
à un allongement considérable de la galerie) sans rencontrer le calcaire ni la faille. Comment
expliquer en outre, dans le système de MM. Cornet et Briart, que la faille de Boussu qui aurait
eu « pour effet de renfoncer la plus grande partie du terrain houiller » (page 111 du mémoire
cité) n'a pas été rencontrée par les travaux du Grand-Hornu, alors que ceux-ci se poursuivent à
plus de 2,500 mètres au Nord et à 1,700 mètres seulement à l'Est du puits Sentinelle du Bois-de-
Boussu où la lèvre supérieure de la faille vient affleurer. On a certainement reconnu au Grand-
Hornu des failles très importantes dont la direction générale est du S.-S.-O. au N.-N.-E. avec une
inclinaison variable de 15 à 30° au N.-O. Deux d'entre elles produisent ensemble un rejet de
470 mètres environ. Mais on ne peut y voir la trace de cette faille que MM. Cornet et Briart con-
sidèrent comme étant venue du Sud *opérer le renfoncement de la plus grande partie du terrain
houiller.*

Il est essentiel de remarquer encore que tout le groupe des charbons exploités et de ceux
reconnus au-delà des failles, appartient à la série des flénu.

---

1. *Annales de la Société Géologique de Belgique. Mémoire*, tome **IV**, page 110.

Voici, sur l'accident de Boussu, une autre explication qui me paraît mieux en rapport avec l'ensemble des faits :

Une forte poussée venant du Sud-Ouest s'est produite après le renversement des couches dévoniennes sur le carbonifère, elle a opéré au-delà de notre frontière un plissement de la forme d'un S retourné. Les roches se trouvaient dès lors disposées en bassin dans une position renversée.

La poussée continuant à s'exercer énergiquement, une fracture s'est produite vers le bas de l'S, tandis qu'une autre fracture, coïncidant peut-être avec la faille d'Anzin, se produisait au Nord dans le terrain houiller.

La poussée résultant d'une force souterraine agissant à distance s'est faite obliquement en montant, et la masse comprise entre les deux fractures s'est avancée sur ce plan incliné, absolument comme les roches dévoniennes sur la faille du Midi, en refoulant le terrain houiller devant elle.

Finalement, la dénudation n'a laissé de ce phénomène que ce que l'on en observe aujourd'hui.

Le plan ou coin incliné sur lequel la masse s'est avancée présente son affleurement actuel à l'Ouest des travaux du Grand-Hornu ; les failles rencontrées à ce charbonnage et contre lesquelles les terrains paraissent broyés comme à la suite d'un énergique refoulement, ne sont que des dérivés accessoires de la faille principale agissant par refoulement.

D'après cette théorie, une partie du terrain houiller a été entraînée en même temps que les terrains dévonien et silurien ; c'est nécessairement la partie Sud, dès lors, en dressant, ce serait celle rencontrée dans les sondages d'Hensies ; mais comme tout l'ensemble viendrait affleurer à l'Ouest du forage du Grand-Hornu dans la partie non concédée, on doit rencontrer à ce sondage des terrains stratifiés comme ceux du Grand-Hornu et la même nature de charbon : c'est ce qui a été bien constaté.

Il résulte encore de cette théorie que le calcaire et les terrains dévoniens de Boussu reposent sur le terrain houiller à une profondeur d'autant plus grande que l'on s'approche de la frontière : ainsi, au puits Sentinelle, le bouveau de 457 mètres peut ne pas rencontrer le calcaire, qui a été atteint à la Vedette au niveau de 436 mètres ; ce n'est qu'à une profondeur notablement inférieure qu'une galerie à ce puits passera sous le calcaire. A un puits situé plus à l'Ouest, la position d'une telle galerie serait encore beaucoup plus profonde.

—

L'étude des failles qui ont été rencontrées dans les exploitations du Couchant de Mons, me porte à signaler en premier lieu la faille, dite horizontale, appelée aussi grand transport au Rieu-du-Cœur et reconnue actuellement sur une distance de plus de 2,000 mètres, mesurée de l'Est à l'Ouest ; elle me paraît en effet être une des conséquences premières de cet immense refoulement qui a produit le plissement des couches. On rencontre cette faille dans les travaux du puits N° 8, Bonne-Espérance, de l'Escouffiaux, elle traverse indifféremment les grandes plateures, le premier dressant et le faux plat. Le point le plus méridional où elle est atteinte est situé à 110 mètres au Sud du puits, à la cote de 466 mètres par rapport au niveau de la mer ; elle remonte un peu en allant au Nord, mais à 100 mètres de la fosse elle plonge de 25 à 30 degrés pour se raplatir ensuite et présenter une légère pente au Sud en un point situé à 400 mètres Nord du puits et à la cote de 521 mètres sous la mer.

Dans les charbonnages dépendant du Rieu-du-Cœur la faille, dite horizontale, a été rencontrée dans les grandes plateures exploitées par les puits Ste-Julie, St-Félix ét le N° 2 des 24 Actions. En la considérant dans le plan méridien de la fosse Ste-Julie, elle existe à 300 mètres au Sud de ce puits à la profondeur de 481 mètres sous la mer ; au puits même, elle est atteinte à 501 mètres sous le même niveau ; à 300 mètres au Nord, la cote est de 530 mètres ; enfin à 160 mètres plus loin, on trouve la faille à 564 mètres sous la mer. On voit que la pente, toujours vers le Nord, faible d'abord s'accentue ensuite assez fortement. Par rapport au puits St-Félix elle est reconnue à 525 mètres sous la mer, elle présente un retour assez brusque au Sud, ce qui semble indiquer une pente au Midi plus prononcée que celle observée à Bonne-Espérance.

Une voie horizontale, tracée dans le plan de la faille par le puits de Ste-Julie, se dirigerait au Sud-Ouest, et viendrait passer à 200 mètres au Nord du puits Bonne-Espérance en faisant avec une méridienne un angle de 120 degrés ; la direction paraît se modifier à l'Est du puits Ste-Julie pour se reporter au Sud.

La faille présente une largeur variable de 2 à 5 mètres composée d'un mélange de terrains broyés. Elle a pour résultat, constaté actuellement, de rejeter au Nord les terrains qui lui sont supérieurs sur une distance mesurée le long de la faille de 100 à 140 mètres de longueur[1].

La première rencontre de cette faille a eu lieu au puits Ste-Julie et a donné lieu à des recherches et à des dépenses considérables qui furent évitées dès que l'on reconnut son allure. Un fait très important et parfaitement constaté, est celui de la disparition du cran Piersault en dessous de la faille horizontale ; il établit d'abord la contemporanéité des deux accidents et il en découle cette circonstance rigoureuse que partout où le cran Piersault existe la faille horizontale doit aussi exister. Or le cran Piersault est connu depuis le Levant du Flénu jusqu'au N° 3 du Buisson, c'est-à-dire sur une longueur de plus de 5,000 mètres, on peut donc en conclure que la faille horizontale doit exister partout au Sud de cette longue fracture et probablement

---

1. Cette faille a été décrite avec beaucoup de détails dans une note du 12 mai 1873, de M. Emile Brunin, alors directeur-gérant de la Société du Bas-Flénu à Quaregnon. *Publications de la Société des anciens élèves de l'École des Mines du Hainaut*, 2e série, tome V.

même au Nord, puisque les travaux du puits Ste-Julie ont recoupé la faille horizontale à plus de 500 mètres au Nord du cran Piersault.

Je suis assez porté à penser que la faille horizontale se poursuit jusqu'à la rencontre de la Naye et vient alors se confondre avec les dérangements qui se remarquent dans les premières allures du comble du Nord.

Il est à croire également que le cran Piersault n'est pas le seul dérivé de la grande faille horizontale. La direction générale du cran Piersault est du Sud-Ouest au Nord-Est ; elle fait avec le Nord un angle de 45 à 55°. Son inclinaison varie non seulement d'une localité à une autre, mais surtout en profondeur. Dans toute la région située à l'Est du puits N° 20 des Produits, la pente se fait au Nord ; à ce puits et vers la profondeur de 400 mètres, le cran devient vertical jusqu'à la profondeur de 464 mètres, dernier étage d'exploitation qui l'ait atteint. Au N° 14 des Produits, le cran Piersault présente une inclinaison constante au Sud quoique peu prononcée. Au puits N° 2 des 24 Actions, l'inclinaison est légèrement au Sud jusque vers la profondeur de 400 mètres, mais alors la pente s'accentue fortement. A la fosse Ste-Julie du Bas-Flénu, l'inclinaison du cran entre les niveaux de 200 et de 400 mètres est de 80° Sud ; la pente change alors assez brusquement et n'est plus que de 35° au Sud jusqu'à la profondeur de 550 mètres où le cran rencontre la faille horizontale.

Le cran Piersault traverse les dressants qu'il rencontre ; il paraît avoir dévié notablement les crochons de Bibée et des Houbartes, mais ces exploitations sont anciennes et l'on a peu de renseignements bien certains à cet égard.

Le rejet qu'il occasionne aux couches qu'il traverse est peu important et se fait au Nord lorsque l'inclinaison est au Midi, tandis qu'elle a lieu au Midi lorsque l'inclinaison change. Ce fait curieux est conforme à la théorie ; cependant le rejet de 15 mètres au maximum varie d'une veine à une veine voisine. Un fait remarquable encore est la différence de composition que l'on observe parfois dans une même couche d'un côté à l'autre du cran Piersault, ce qui semble indiquer qu'il a opéré également un transport des couches suivant sa direction ; j'ai remarqué pour d'autres failles les traces d'une action analogue.

On a vu que le cran Piersault se poursuivait sans interruption depuis Cuesmes jusque vers la méridienne passant par le clocher de Wasmes; on ne peut faire à l'égard de son prolongement à l'Ouest de ce point que des suppositions, car les travaux ne permettent pas jusqu'ici de le raccorder positivement avec certaines failles que l'on remarque à l'Escouffiaux. S'il en était ainsi cependant, on retrouverait peut être aussi sa trace sur Dour et Élouges dans une faille bien caractérisée dont il sera bientôt question.

Il se pourrait également que le cran Piersault fît un retour au Nord et vînt se raccorder à une faille dont la direction est presque perpendiculaire à celle du cran ; cette faille, connue plus spécialement sous le nom de Ruement du puits n° 3 d'Hornu et Wasmes, est faiblement inclinée au Sud-Ouest.

Quoi qu'il en soit, le cran Piersault fait partie d'un système général de failles dirigées comme lui du Sud-Ouest au Nord-Est. Cette série est croisée presqu'à angle droit par un autre système dont la direction est du Sud-Est au Nord-Ouest et auquel appartient le cran Donaire.

Ce cran Donaire traverse toute la concession des Produits, il passe aux puits n° 12 et n° 20 de cette mine. Sa rencontre avec le cran Piersault n'apporte aucune déviation dans son allure ni dans sa direction ; son inclinaison se fait au Sud-Ouest et est d'environ 60°. Il rejette les couches de 5 à 15 mètres.

Dans la concession du Levant du Flénu, ces deux systèmes sont représentés par des failles assez nombreuses mais qui ne produisent que des rejets peu importants.

Parallèlement au cran Piersault, et dans la partie Sud-Est de cette concession, existe une faille reconnue sur 2 300 mètres de longueur ; elle passe en projection près de l'église de Cuesmes et vient se terminer contre le cran Donaire qu'elle ne dépasse pas ; l'inclinaison est au Sud. Un peu au Nord de cette faille, existe une série de petites cassures parallèles.

L'autre système est principalement représenté par le cran dit du Moulin incliné au Sud-Ouest qui croise le cran Piersault près du puits n° 7 du Haut-Flénu et par une série de petits renfoncements ; plusieurs de ces failles traversent le cran Piersault.

Sur Quaregnon et dans le comble Sud, il existe parallèlement au cran Piersault, une série de cassures formant remontement ou renfoncement de peu de hauteur ; celle passant par les puits du Petit-Horiau et Sainte-Barbe est assez remarquable par sa continuité. Mais c'est surtout dans le comble du Nord que ces faillles du premier système se multiplient et augmentent d'importance.

L'inclinaison est généralement assez faible et a lieu au Nord, on remarque dès lors une série de renfoncements au Nord, sur une hauteur souvent assez grande ; l'un d'eux, rencontré à 200 mètres au Nord-Ouest du puits Sainte-Barbe des Houillères-Réunies, rejette les couches de 65 mètres. Entre ce même puits et cette faille, il en existe une autre inclinée au Sud-Est qui opère un remontement de 40 mètres.

Le système des failles Sud-Ouest-Nord-Est prédomine dans le comble du Nord, bien que l'on y rencontre aussi fréquemment le système perpendiculaire et même une série de failles mixtes ; mais quel que soit le système auquel elles appartiennent, on observe ce fait général que leur importance comme rejet est bien plus considérable dans le comble du Nord que dans le comble du Midi.

La série des failles Nord-Ouest-Sud-Est ou parallèles au cran Donaire se termine à l'Ouest par le cran du puits n° 3 d'Hornu et Wasmes dont j'ai parlé précédemment, et par deux autres crans, l'un reconnu par les travaux du puits n° 3 du Buisson, l'autre par le puits Bonne-Espérance n° 8 de l'Escouffiaux ; ils inclinent tous les trois au Sud-Ouest ; le dernier, presque vertical, traverse la grande faille horizontale qui le dévierait légèrement. (Je n'ai pu m'assurer de cette déviation.)

Au-delà d'une méridienne tracée à 8400 mètres à l'Ouest de la tour de Mons, on observe un double système bien différent des deux précédents. C'est d'abord une série remarquable de failles Nord-Sud ou s'écartant peu de cette direction ; je citerai les principales :

Près du puits n° 4 d'Hornu et Wasmes, faille Nord-Sud reconnue sur 1000 mètres de longueur, inclinaison à l'Ouest.

A 400 mètres à l'Ouest du même puits, faille légèrement inclinée à l'Ouest, traversant la concession d'Hornu et Wasmes du Nord au Sud et opérant un rejet des couches de 20 mètres au Nord ; dans la concession du Buisson, elle dévie le crochon de la veine Bouilleau et s'incline à l'Ouest pour pénétrer dans la concession de l'Escouffiaux, où elle reprend sa direction primitive.

A 900 mètres, toujours du même puits n° 4 d'Hornu et Wasmes, une autre faille plus importante encore se rencontre dans les travaux du Grand-Hornu, où elle opère un rejet de 50 mètres ; elle traverse comme la précédente la concession d'Hornu et Wasmes, son inclinaison est à l'Ouest, elle passe près du puits n° 1 du Grand-Buisson et se poursuit au Sud au travers de la concession de l'Escouffiaux et probablement dans la mine des Tas ; elle est néanmoins reconnue sur plus de 3 000 mètres de longueur.

Plus à l'Ouest encore se trouve le cran Morel dont l'inclinaison assez variable se fait toujours à l'Est, elle est assez forte vers la surface, devient faible ensuite et s'accentue encore en profondeur. Ce cran a été rencontré dans les travaux d'Hornu et Wasmes, du Bois-de-Boussu, du Grand-Buisson et de l'Escouffiaux.

Vient ensuite le Grand-Ruement dit du Hanneton sur Boussu et de Dour sur Dour. Sa direction générale fait avec le Nord vrai un angle de 15 à 20°, son inclinaison assez forte a lieu à l'Ouest.

Il traverse les travaux des concessions du Bois-de-Boussu, de la Grande Machine à feu de Dour et de Belle-Vue. Le rejet qu'il opère vers le Nord varie d'un point à l'autre comme aussi en profondeur et atteint parfois 75 mètres à la Grande Machine ; sur Boussu il est de 20 à 30 mètres. Le cran paraît se ramifier en profondeur ainsi que dans sa partie Sud.

La dernière faille importante de ce système passe au puits N° 8 de Belle-Vue, traverse les travaux du puits N° 4 de la Grande-Veine d'Épinois, elle se rattache peut-être à celle rencontrée dans la Veine-Hanas du Bois-de-Boussu, à 900 mètres à l'Ouest du puits N° 9. Sa direction est Nord-Sud, son inclinaison variable se fait à l'Est.

Beaucoup d'autres failles de ce système ont été rencontrées sur Dour et Élouges, il en existe un grand nombre également dans les travaux du Bois-de-Boussu, bien que l'on y remarque parfois quelques failles obliques.

13

Le système perpendiculaire au précédent se manifeste à Boussu par la trace de failles assez nombreuses Est-Ouest qu'il serait intéressant de raccorder entre elles. Dans la région du Midi il est mieux caractérisé, je citerai plus particulièrement une cassure très remarquable que l'on peut suivre de l'Est à l'Ouest sur un développement de 4,650 mètres. Rencontrée dans les travaux de Longterne-Ferrand, elle ncline au Sud de 40° et reporte les couches au Nord de 110 à 120 mètres.

Dans les exploitations de la Grande-Veine du Bois-d'Épinois, son inclinaison est de 42°, l'importance du rejet est de 95 mètres au puits N° 4 et de 60 mètres seulement au puits N° 1 de ce charbonnage.

Cette faille passe au puits N° 7 de Belle-Vue, mais n'y est pas bien déterminée.

Au puits N° 1 de la Grande Machine à feu de Dour, son inclinaison est de 54° Sud et le report des couches au Nord varie de 70 à 100 mètres. Au puits Frédéric de la même Société, le rejet faible dans la partie supérieure augmente en profondeur : l'inclinaison est de 40 degrés ; cette faille se poursuit à l'état de simple cassure, sans épaisseur, dans les travaux du puits N° 2 de Longterne-Trichères où elle rejette les couches de 120^m au moins, elle y est encore reconnue dans le bouveau de l'étage de 827 mètres.

Cette faille correspond, je pense, à celle rencontrée dans les travaux du puits N° 1 de l'Escouffiaux ; je n'ai pu la suivre plus à l'Est dans une région où il y a peu de travaux en activité.

Il existe dans la partie Sud du bassin bien d'autres cassures dont la direction générale se rapproche de celle que je viens de citer, elles sont toutes inclinées au Sud.

Une dernière série enfin est celle des failles qui affectent plus particulièrement certaines lignes de crochons et qui, par conséquent, ont leur inclinaison au Sud. On en rencontre de nombreux exemples ; je signalerai comme type caractéristique, celle qui, au puits St-Félix du Rieu-du-Cœur, reporte au Nord les crochons de tête du 1er dressant. Cette faille se retrouve à Crachet-Picquery dans les mêmes conditions, sauf qu'elle y est beaucoup moins inclinée. A ce dernier charbonnage une 2e faille du même système suit les crochons de pied du 2e dressant.

Je termine ce résumé d'une première étude sur les failles de notre bassin en attirant l'attention sur l'importance des résultats qu'un examen plus approfondi avec plans à l'appui, peut produire sur l'exploitation. Trop souvent les charbonnages ignorent ce qui se passe dans les mines voisines, et cependant la connaissance des accidents de l'espèce aurait pour effet d'atténuer les conséquences de leur rencontre imprévue.

Sous les noms de *puits naturels, failles circulaires, failles à marne, nœuds d'amour,* on désigne, au Couchant de Mons, un genre d'accident très singulier dont on peut citer quinze exemples au moins dans les bassins houillers de Mons et du Centre.

MM. Cornet et Briart, dans une intéressante notice insérée dans les *Bulletins de l'Académie royale de Belgique,* 2º série, tome XXIV, 1870, ont donné la description de quelques-uns de ces puits naturels. Depuis lors, des travaux récents sont venus révéler des faits d'une très grande importance sur ces accidents remarquables.

Ces puits naturels sont de véritables puits de très grandes dimensions à sections curvilignes, traversant obliquement ou normalement les stratifications houillères qu'ils coupent à pic.

Ils sont remplis de fragments de roches de diverses natures appartenant à la formation houillère, charbon, schiste, grès ; on y rencontre aussi parfois des argiles plastiques, du lignite, des dièves, des fortes toises et de la marne. Ces dernières roches se remarquent plus spécialement vers les parties supérieures.

Enfin on y rencontre fréquemment de la pyrite de fer, du carbonate de chaux cristallisé et des eaux très chargées de matières salines.

Lorsque la masse n'est pas suffisamment compacte, elle laisse passer les eaux des stratifications supérieures.

J'emprunte à la notice précitée la description de deux puits naturels rencontrés dans le bassin du Centre aux charbonnages de Bascoup, à Chapelle-lez-Herlaimont, et de Sars-Longchamps, à La Louvière.

PUITS NATUREL DU CHARBONNAGE DE BASCOUP, A CHAPELLE-LEZ-HERLAIMONT.

« Les couches de houille exploitées par les charbonnages de la zone septentrionale du Centre
« appartiennent à la partie inférieure du bassin houiller du Hainaut. Leur direction générale est
« de l'Est à l'Ouest, et l'inclinaison des stratifications se fait vers le Sud sous des angles
« variables.

« En quelques endroits, le terrain houiller se montre à la surface sous une épaisseur
« variable de terre végétale. Mais sur la grande partie du bassin, il est recouvert de morts-terrains
« plus ou moins puissants, appartenant aux formations crétacées, tertiaires, quaternaires et
« modernes.

« Vers la fin de l'année 1864, la Société charbonnière de Bascoup avait poussé ses travaux
« d'exploitation dans la veine de l'Olive jusqu'à 1,200 mètres environ à l'Est de son puits
« d'extraction Sainte-Catherine. La couche se trouvait en allure très régulière et rien n'indiquait
« le voisinage d'un dérangement quelconque, quand tout à coup les eaux firent irruption au
« front de la galerie principale avec une telle violence que les ouvriers eurent à peine le temps

« de se sauver, croyant avoir atteint d'anciens travaux d'exploitation abandonnés et inondés.
« Durant plusieurs heures, l'abondance des eaux fut très grande, mais le lendemain la venue
« était diminuée notablement et l'on put s'approcher de l'extrémité de la galerie.

« Pour reconnaître la nature du dérangement rencontré, on résolut d'agir comme on le fait
« toujours en pareil cas, c'est-à-dire de prolonger la galerie dans la même direction jusqu'au
« terrain en allure régulière. On pénétra de cette manière dans des débris de houille, de schiste
« et de grès houillers, confusément mélangés, plus ou moins altérés, laissant entre eux des
« vides nombreux et tapissés de cristaux très petits de carbonate de chaux et principalement de
« pyrite. Après avoir traversé 15 à 16 mètres de ce remplissage, la galerie rencontra en terrain
« régulier la veine qu'elle avait abandonnée en deçà de l'accident. Dès lors, il fut démontré que
« le dérangement, quel qu'il fût, n'avait pas produit de rejetage dans le terrain houiller. »

Par l'exécution d'autres galeries, on reconnut que l'accident était limité vers le Nord par une
demi-circonférence à peu près régulière. « L'exploitation de la partie inférieure de la couche
« qui se fit quelque temps après prouva que l'accident était aussi limité vers le Sud. Il devint
« donc évident que l'on avait affaire, non à une faille, mais bien à un puits naturel à section
« elliptique dont le grand axe avait 36 mètres et le petit axe 19 mètres de longueur.

« En 1866, l'exploitation de la Grande-Veine-du-Parc supérieure à la veine de l'Olive circon-
« scrivit de nouveau le puits naturel. On trouva au petit axe de la section elliptique à peu près
« la même longueur que dans la veine de l'Olive, mais le grand axe s'était considérablement
« allongé et avait atteint environ 52 mètres. Sa direction s'était aussi modifiée. Dans la veine de
« l'Olive, il était dirigé sensiblement dans le sens de la plus grande pente, tandis que dans la
« Grande-Veine-du-Parc, il fait avec cette direction un angle d'environ 25°.

« Le remplissage du puits naturel, au niveau de la Grande-Veine-du-Parc, était de même nature
« qu'à celui de la veine de l'Olive, mais nous remarquâmes que la couche et les terrains encais-
« sants étaient légèrement affaissés aux approches des parois du puits. Dans la partie affaissée, la
« houille et les schistes sont imprégnés de cristallisations de pyrite semblables à celles qui
« tapissent les blocs formant le remplissage. Nous attribuons cet affaissement du terrain régulier,
« au niveau de la Grande-Veine-du-Parc, à la nature tendre et flexible des schistes qui encaissent
« cette couche ; les schistes de la veine de l'Olive, où semblable observation n'a pas été faite, étant
« beaucoup plus durs et plus résistants.

« D'après les renseignements qui nous sont fournis par les travaux d'exploitation de ces deux
« couches, nous pouvons conclure que l'axe du puits naturel de Bascoup fait avec le plan horizon-
« tal un angle de 66°, et avec le plan de stratification un angle d'environ 96°. Il nous semble
« évident que ce puits se prolonge en hauteur jusqu'à la surface du terrain houiller, mais nous
« ne pourrions dire s'il pénètre dans des dépôts tertiaires assez épais qui recouvrent celui-ci. »

PUITS NATUREL DU CHARBONNAGE DE SARS-LONGCHAMPS A LA LOUVIÈRE.

« Le puits d'extraction de Bonne-Espérance, aujourd'hui abandonné et remblayé, fut creusé,
« il y a fort longtemps déjà, par la Société du charbonnage de Sars-Longchamps, à La Louvière.
« Après avoir traversé 22^m,50 de terrain quaternaire et de sables tertiaires appartenant au sys-
« tème landenien de Dumont, il pénétra dans le terrain houiller qui se montra régulièrement
« stratifié jusque vers 94 mètres de profondeur. A ce niveau on rencontra un amas de débris,
« séparé du terrain houiller par une ligne de démarcation bien tranchée, traversant obliquement
« le puits. On crut d'abord que cette ligne de séparation était la paroi d'une faille inclinée au
« Sud, et l'on espéra qu'après avoir traversé une certaine hauteur de remplissage la fosse
« atteindrait l'autre paroi et pénétrerait dans des strates régulières. Mais cet espoir fut déçu ;
« l'approfondissement, quoique poussé jusqu'à 295 mètres de profondeur, ne sortit pas du rem-
« plissage.
« Des galeries de reconnaissance horizontales, dirigées vers le Nord et vers le Sud, furent
« ensuite creusées à différentes hauteurs dans le puits. A peu de distance elles rencontrèrent
« la paroi presque verticale du dérangement séparant le remplissage du terrain houiller à allure
« régulière. Elles pénétrèrent dans celui-ci et servirent à pratiquer, dans différentes couches,
« des exploitations qui démontrèrent, d'une manière évidente, que l'accident dans lequel se trouve
« la fosse Bonne-Espérance n'est point une faille, mais un véritable puits naturel.
« Six couches de houille furent exploitées aux alentours du puits. La veine Huit-Paumes à
« 140 mètres de la surface, la veine Six-Paumes à 237 mètres ; la Grande-Veine à 273 mètres et
« les couches Gargai et Joligai réunies à 295 mètres.
« Les travaux des couches Six-Paumes et Grande-Veine ont entièrement circonscrit et reconnu
« le puits naturel qui a la forme d'une ellipse grossière dont les deux axes ont respectivement
« environ 90 et 63 mètres de longueur.
« Les travaux des couches Gargai et Joligai réunies ont circonscrit presque entièrement la sec-
« tion du puits naturel. Quant à ceux de Huit-Paumes, ils n'ont enlevé la houille que sur la
« partie méridionale de cette section. »
Une coupe verticale de ce puits naturel montre que la partie supérieure, jusqu'à la couche
Huit-Paumes, incline faiblement vers le Sud et qu'en dessous de cette veine il est sensiblement
vertical ; il coupe donc les couches obliquement à la stratification.
MM. Cornet et Briart ajoutent :
« Nous n'avons pu observer le remplissage du puits naturel de Bonne-Espéranne qu'en un
« seul point au niveau de la veine Gargai, où il est constitué exclusivement par des débris de

« houille, de grès et de schiste houillers très pyriteux et profondément altérés : les grès sont
« presque transformés en sable et les schistes en argile plastique.

   « Pour terminer ce que nous avons à dire relativement au puits naturel de Sars-Longchamps,
« nous ajouterons que, de même que celui de Bascoup, il se trouve au milieu d'une vaste sur-
« face de terrain houiller d'une régularité parfaite et dans laquelle les failles sont très rares et
« de peu d'importance. »

PUITS NATUREL DE MAURAGE.

   Les travaux de la Société de Maurage dans le bassin du Centre ont rencontré récemment un
puits naturel situé à 90 mètres au Nord-Ouest du puits N° 1. Il a été atteint par les couches
Engin à 283 mètres de profondeur et de Grande-Veine à 375 mètres. Dans cette dernière veine
il paraît avoir la forme d'une ellipse dont le grand axe aurait 60 mètres et le petit 45 mètres.
A ces deux niveaux on a rencontré dans le puits une argile plastique gris-noirâtre contenant du
lignite et de la pyrite en rognons.

   La présence de cette argile, qui présente tous les caractères de l'argile aachénienne, est d'autant
plus étrange dans ce puits naturel que la fosse de Maurage et les sondages voisins n'ont rencontré ni cette assise ni aucune roche analogue. Le mort-terrain en cet endroit a donné la composition suivante : 8 à 15 mètres de terrain quaternaire, 120 à 140 mètres de sénonien, 40 à
50 mètres de rabots, fortes toises, dièves et tourtia.

   L'absence de ces roches dans le puits naturel et la présence au contraire de l'argile aachénienne semble prouver que cet accident est antérieur au dépôt du Sénonien et du Nervien ;
qu'il s'est produit à une époque où une puissante assise d'argiles aachéniennes recouvrait cette
partie du bassin, et qu'il est encore antérieur à une période qui a fait disparaître dans cette
localité cette assise aachénienne.

   Il serait important de faire des reconnaissances dans ces argiles, qui pourraient renfermer,
comme celles de Bernissart, des fossiles d'espèces animales et végétales.

PUITS NATURELS DE QUAREGNON.

   Sous la commune de Quaregnon, on connaît deux puits naturels, l'un situé à 250 mètres
environ au Sud-Est du puits Sentinelle n° 14 de la Société des Produits, l'autre à 300 mètres
environ à l'Est du puits n° 5 de la Société d'Hornu et Wasmes.

   Le premier de ces puits naturels, désigné aussi sous le nom de *Dôme* par les ouvriers, a été rencontré par les travaux de la Société des Produits, dans diverses couches jusqu'à la Plate-Veine, et
par ceux du Midi du Flénu, jusqu'au Grand-Buisson.

Dans la veine Carlier, vers 200 mètres de profondeur, il présente la forme d'une ellipse très allongée dont le grand axe a 90 mètres et le petit 40 mètres.

Au niveau des couches Veine-à-l'Aune, à 260 mètres environ de profondeur, la courbe devient plus large et aussi plus irrégulière; le grand axe dépasse 100 mètres et le petit axe varie de 70 à 80 mètres. Au niveau de la veine Grand-Gaillet, à la profondeur de 350 mètres, les dimensions sont un peu moins grandes.

Dans les couches du Rieu-du-Cœur, la forme du puits est moins bien déterminée, il paraît augmenter de section et l'on observe une déviation du grand axe vers le Nord. On remarque surtout que le puits se reporte vers l'Ouest en profondeur. Ce report est de 70 mètres entre les couches Carlier et Grand-Buisson, sur une hauteur de 330 mètres.

Il traverse obliquement les stratifications houillères qui présentent une pente de 15 à 18 degrés vers le Nord.

Dans les couches supérieures on a rencontré dans la faille quelques blocs de marne, du silex, du rabot, des dièves et de la pyrite. Ces matières peu abondantes du reste n'ont plus été rencontrées dans les niveaux inférieurs. A proximité de son affleurement supposé au sol, l'épaisseur des morts-terrains ne dépasse pas 20 mètres.

On a constaté également que ce puits naturel donnait lieu à une venue d'eau qui augmentait d'importance avec la profondeur et qui provient probablement des cuérelles de Maton. Sa rencontre imprévue dans la couche Buisson a eu pour effet de suspendre les travaux du puits St-Florent du Midi du Flénu. La venue était de 700^{m3} par 24 heures en octobre 1875 — 500^{m3} en janvier 1876 — 300^{m3} en juillet 1876 — 250^{m3} en janvier 1877, elle est encore actuellement d'environ 200^{m3} par jour.

Le second puits naturel de Quaregnon traverse la concession de Belle-et-Bonne et celle du Rieu-du-Cœur. Ce n'est que par les travaux de cette dernière société que l'on possède des renseignements précis.

La forme de ce puits est des plus irrégulières, mais les contours sont toujours arrondis. Au niveau de la couche Carlier, vers 260^m de profondeur, la plus grande longueur N.-S. est de 100^m, la largeur de 75^m. Sa surface y est d'environ de 65 ares. Dans la couche Grand-Gaillet vers 400^m de profondeur, la surface du puits est d'environ un hectare, et dans la couche Grand-Buisson, vers 600^m de profondeur, on peut l'évaluer à 1 hectare 30 ares.

Les couches en cet endroit sont en grande plateure de Midi inclinées au Nord de 15 à 18°.

La paroi Nord du puits naturel est assez régulière et incline au Sud de 85 à 90°. La paroi Ouest présente vers l'Est à peu près la même inclinaison. On remarque que l'élargissement du puits a lieu principalement au Sud ; c'est plus spécialement en dessous de la Veine à l'aune qu'il s'accentue, cependant vers le niveau de Payez et Maton le puits paraît subir un rétrécissement qui correspond assez bien avec son passage dans la masse de grès de 22^m d'épaisseur qui accompagne cette veine. En dessous de ce point, le puits prend de nouveau une très grande extension non seulement au Sud, mais aussi à l'Est.

A l'endroit où le puits naturel se projette sur le sol, l'épaisseur des morts-terrains est environ de 70 mètres.

Dans les couches supérieures, Grand-Franois et Carlier, on a rencontré dans la faille beaucoup de marne avec quelques débris de terrain houiller.

Dans les veines inférieures il n'existe plus de marne et la masse est exclusivement composée d'un mélange confus de grès, de schiste et de charbon; on y remarque beaucoup de lamelles de carbonate de chaux et plus spécialement de la pyrite qui se trouve parfois en blocs de 2 à 3 centimètres cubes.

Ce puits naturel ne contient généralement pas d'eau, cependant au niveau de la veine Buisson on y a rencontré une légère venue d'eau très chargée de sel marin.

PUITS NATURELS DU GRAND-HORNU.

Les travaux d'exploitation de la Société du Grand-Hornu ont fait reconnaître jusqu'ici l'existence de quatre puits naturels dans la concession. Le premier a été rencontré à 500 mètres environ à l'Ouest du puits N° 12 ; le second est à 80 mètres au Sud-Ouest du premier et le troisième est à 200 mètres encore à l'Ouest du précédent. Quant au quatrième, il est situé à 150 mètres environ à l'Ouest du puits N° 6.

Tous ces puits naturels ont une forme à peu près elliptique et coupent nettement les stratifications qu'ils traversent.

Le N° 1, circonscrit par les travaux de la veine Edouard à 320 mètres de profondeur, a une longueur de 70 mètres de l'Est à l'Ouest sur une largeur de 50 mètres. Ses dimensions sont les mêmes dans la veine Grand-Hornu, à 31 mètres plus bas, mais l'ellipse se reporte de 25 mètres au Nord-Est.

Au niveau de la Veine d'Amie et du Grand-Moulin, à 410 et 420 mètres de profondeur, le report se fait au Sud-Est de 25 mètres environ et le grand axe de l'ellipse est de 80 mètres. La courbe s'allonge encore vers l'Est dans la Veine à Forges à 450 mètres de profondeur et atteint 100 mètres de longueur ; les parois Nord, Sud et Ouest ne subissent que peu de déplacement.

Enfin, au niveau du bouveau, on constate que la face Est s'est encore avancée de 25 mètres à l'Est.

Le puits s'élargit donc en profondeur, mais dans un seul sens seulement qui correspond à l'amont pendage des couches. On a vu le même fait se produire au deuxième puits sur Quaregnon.

Le puits N° 2 du Grand-Hornu est plus petit que le N° 1 ; le grand axe de l'ellipse dirigé N.-S. est d'environ 55 mètres et le petit axe 35 mètres. Il a été circonscrit par les travaux des couches Grand-Hornu, Veine d'Amie, Grand-Moulin et Veine-à-Forges, et ses dimensions sont restées à peu près les mêmes. Comme le précédent, il se reporte à l'Est en profondeur. Des coupes Est-Ouest passant par chacun de ses puits naturels, montrent que la paroi Ouest est à peu près normale à la stratification des couches qui, en cette localité, présente une inclinaison de 40 degrés au Sud-Ouest.

Le puits N° 3 est beaucoup plus petit encore que le précédent ; au niveau de la veine Edouard, à 440 mètres de profondeur, il n'a que 20 mètres de longueur sur 15 mètres de largeur. Sa rencontre dans la veine Grand-Hornu a fait reconnaître également qu'il se reporte à l'Est en profondeur.

Le puits naturel N° 4, au Sud-Ouest de la fosse N° 6, à une distance variant de 100 à 150 mètres, a été circonscrit par les travaux de 17 veines depuis la Jausquette jusqu'au Petit-Faux-Corps.

Sa forme générale est celle d'une ellipse dont le grand axe est ordinairement dirigé Est-Ouest. Il augmente en profondeur. Sa surface, qui est de 7 ares seulement dans la Jausquette, est de 20 ares dans la couche Veine-à-Terre à 300ᵐ plus bas. Il incline légèrement à l'Ouest et au Sud et traverse obliquement les stratifications dont le pendage varie de 10 à 20° à l'Ouest.

En ce qui concerne la nature et la disposition des matériaux de remplissage des puits naturels du Grand-Hornu, voici le résultat de quelques constatations qui ont été faites :

Au niveau de la veine Édouard, vers 330 mètres de profondeur, les parois du puits N° 1 présentaient des dièves que l'on n'a pas traversées.

Une galerie au niveau de 380 mètres environ, partant de la couche Grand-Hornu, a rencontré dans les puits naturels Nᵒˢ 1 et 2 des dièves au pourtour, puis des fortes toises et, à l'intérieur, des débris de terrain houiller mélangés de roches crétacées.

Au niveau de la Veine-à-Forges, vers 450 mètres de profondeur, on a traversé le puits N° 1 sur 35 mètres, le puits N° 2 sur 45 mètres de longueur. Dans chacun d'eux on a encore rencontré des dièves contre les parois, puis des débris de fortes toises et à l'intérieur des débris de terrain houiller. La quantité de dièves et de fortes toises était moindre à ce niveau qu'à celui de la couche Grand-Hornu.

Une galerie a traversé le puits N° 3 et n'a rencontré que de la marne très dure.

Quant au puits N° 4, on n'a aucune donnée sur les matériaux de remplissage dans les parties supérieures; on sait seulement qu'au niveau de la veine Hanat ils se composent uniquement de débris du terrain houiller.

PUITS NATUREL D'HORNU ET WASMES.

Un autre puits naturel se trouve encore dans cette région à 420 mètres environ au Sud-Est du puits naturel N° 2 dont il vient d'être fait mention. Il est situé dans la concession d'Hornu et Wasmes à 370ᵐ au N.-E. du siége N° 4 de cette mine.

Il a été contourné, en partie seulement, par les travaux des couches Horpe, Jausquette et Grande-Veine dont l'inclinaison, en cet endroit, varie de 20 à 35 mètres au Nord-Ouest. Le puits naturel coupe obliqu ement les stratifications et a une légère pente au Nord-Ouest. Il peut avoir 30 à 40 mètres de diamètre.

Au niveau de la couche Horpe, à 315 mètres de profondeur, on a fait dans le puits naturel un trou de sonde de 12 mètres de longueur qui a traversé des marnes mélangées de craie et de grès; il n'a donné que des suintements d'eau. Dans Jausquette, à 400 mètres de profondeur, on a encore trouvé de la marne crayeuse et une petite venue d'eau sans aucune importance. On y rencontre fréquemment de la pyrite mamelonnée.

Comme pour les autres puits que je viens de décrire, le terrain houiller est coupé nettement, sans changement d'allure, ni en direction, ni en inclinaison ; seulement à 2, 3 ou 4 mètres de ce dernier puits, on constatait des terrains altérés renfermant de la pyrite et du carbonate de chaux cristallisé.

On a observé également au Grand-Hornu que, sur quelques mètres de distance des puits naturels, on trouvait dans les fissures du terrain beaucoup de chaux carbonatée, souvent cristallisée.

FAILLE A MARNE D'ÉLOUGES.

Sur Élouges il existe également une faille qui, sous le rapport des débris qu'elle contient, doit être rangée dans la catégorie des puits naturels. Elle a été rencontrée en 1842 dans les travaux de la couche Grand-Andrieux à l'étage de 308ᵐ de la fosse des Andrieux dépendant du charbonnage de Belle-Vue.

J'extrais ce qui suit d'une visite faite à cette époque par M. l'ingénieur Guillaume Lambert :

« Lors de ma visite on venait d'atteindre par cette exploitation plusieurs failles et restreintes « tant vers le Levant que vers le Couchant, mais l'un surtout de ces accidents, situé vers le « Couchant, a attiré mon attention par suite des particularités qu'il présente.

« J'ai reconnu que c'était une faille droite, dirigée à peu près vers le Nord magnétique et « formée de terrains crétacés mélangés avec les différentes parties du terrain houiller, j'ai trouvé

« dans cette faille de la marne en grande quantité, du silex et des morceaux de calcaire com-
« pacte.

« Je viens d'apprendre » ajoute M. Lambert « qu'elle est percée et que son épaisseur est
« de 10 mètres environ ; elle a peu dérangé le terrain et n'a point donné d'eau..... »

C'est sans aucun doute, cette même faille qui, en 1876, a été rencontrée par les travaux de
la couche Longterne en dressant à la profondeur de 637^m du puits N° 4 de la Société de la
Grande-Veine du Bois d'Épinois.

Rapporté sur un plan horizontal, son point de rencontre se projette à 25^m à l'Ouest de l'ancien
puits des Andrieux dont il vient d'être question ; à proximité se trouve une série de failles
ramifiées.

Cette faille n'a été circonscrite que sur une très faible distance, on n'en connaît ni la forme
ni les dimensions. On sait seulement qu'elle n'atteint pas la couche Petite-Laie de la Grande-Veine
située à 50^m au Nord du Longterne.

Au contact de la faille, la veine disparaît subitement sans laisser aucune trace de continuité.
Du côté Ouest, et sur une longueur de 3 à 4 mètres, on a rencontré un mélange confus de roches
houillères et crétacées ; certains blocs de craie blanche dure et compacte mesurant de 80 à 100
décimètres cubes. Des rognons de silex noir avaient un volume de plusieurs décimètres cubes ;
il en était de même de plusieurs blocs de schistes et de grès. Le tout était réuni dans une
masse présentant une association intime de ces diverses roches en petits fragments, parmi lesquels on remarquait de la houille. On n'a rencontré que très peu de pyrite. Je possède un
morceau de la masse contenant une belemnite.

La présence de ces témoins de l'époque crétacée à une pareille profondeur, alors que l'épaisseur actuelle du mort-terrain en cet endroit ne dépasse pas 75 mètres, est l'un des faits les
plus remarquables de cet accident, surtout qu'il traverse des couches en stratification droite qui
offrent la plus grande tendance aux éboulements.

PUITS NATURELS DE BERNISSART.

Je crois devoir rapporter encore à des puits naturels deux accidents rencontrés par les travaux du charbonnage de Bernissart : l'un situé à 300 mètres environ au Nord-Est de la fosse
N° 3 ou Ste-Barbe a été reconnu par les exploitations des veines Maréchale, Luronne, Présidente,
et Bien-Venue qui l'ont circonscrit au Sud ainsi qu'à l'Est et à l'Ouest, mais aucune d'elles ne
l'a suivi dans la partie Nord. L'allure des couches en cet endroit est telle qu'une voie de niveau
ou costresse pratiquée dans une veine présente la forme d'un fer à cheval ouvert au Sud-Est.
Au point de rencontre avec le puits naturel la pente du terrain est de 30 à 40 degrés au Sud-Est.

La paroi Sud du puits est verticale, et paraît se reporter à l'Ouest en profondeur ; sa largeur à peu près constante, est de 350 mètres environ de l'Est à l'Ouest.

On n'a guère fait de reconnaissance récente dans ce puits ; d'après quelques échantillons on aurait rencontré sur le pourtour des argiles blanc-rougeâtre aachéniennes. L'épaisseur des morts-terrains en ce lieu peut être évaluée à 70 mètres.

Au point de vue scientifique, le plus important de tous les puits naturels connus jusqu'à ce jour est celui rencontré récemment par un bouveau Sud-Est, d'une longueur de 270 mètres, pris à l'étage de 322 mètres de profondeur par la même fosse Ste-Barbe du charbonnage de Bernissart. Là encore les costresses présentent la forme en fer à cheval ouvert au Sud-Est, seulement la pente n'est plus que de 20 degrés.

Les terrains traversés par la fosse, lors de son creusement, sont les suivants :

NATURE DES TERRAINS.	ÉPAISSEUR.	PROFONDEUR.
Terre végétale	0,30	0,30
Gravier	1,65	1,95
Marne et silex.	6,31	8,26
Dièves bleuâtres	19,01	27,27
Tourtia.	3,08	30,35
Meule	40,67	71,02
Poudingue.	4,00	75,02
Terrain houiller. Argile grise aachénienne	25,88	100,90

Le mort-terrain augmente de profondeur au Sud, son épaisseur doit être approximativement de 170 mètres à l'endroit du puits naturel.

Cet accident a été reconnu d'abord en 1864 par les travaux de la veine Maréchale à 240 mètres de profondeur et à 240 mètres au Sud-Est de la fosse Ste-Barbe. Une galerie Sud a pénétré dans des argiles grises, mais à 8 mètres de longueur la présence du sable a fait décider de continuer la reconnaissance par un sondage horizontal qui, après avoir traversé 5 à 6 mètres de sable, a rencontré de nouveau des argiles grises ; il avait une longueur de 15 mètres lorsque le terrain a été refoulé en masse dans la galerie. L'exploitation a contourné la faille à l'Est sur une distance de 45 mètres et un chassage de reconnaissance a été poursuivi sur 30 mètres de longueur, dans cette dernière partie la paroi du puits naturel retournait vers le Sud.

Au niveau de 322 mètres de profondeur, l'accident a été rencontré par le bouveau ainsi que par une voie dans la couche Luronne. En projetant sur un plan horizontal ces divers points, reconnus, il est vrai, à des niveaux différents, on obtiendrait une portion de circonférence un peu irrégulière dont la corde aurait 80 mètres, et la flèche 30 mètres, ce qui permet de préjuger de sa forme et de ses dimensions minimum.

Quoi qu'il en soit, l'accident a été rencontré d'une manière brusque, après une paroi de faille offrant une pente au Sud de 70 degrés environ.

Une galerie, dirigée S. 79° E., a pénétré dans le puits naturel ; sur une longueur de 13 mètres on y a remarqué un mélange confus de roches, en fragments plus ou moins gros, appartenant au terrain houiller, psammites, schistes, charbon, et d'argiles noires, grises et blanchâtres ; on a parfois observé dans la masse un enduit de sable blanc très fin et des petites veinules de pyrite ainsi que des morceaux de lignite. Je n'y ai rencontré aucune roche faisant effervescence avec les acides, malgré l'aspect de certains fragments que l'on prendrait de prime abord pour de la craie grise. A la distance indiquée de 13 mètres, la masse a de nouveau changé subitement d'aspect contre une paroi de faille inclinée au Sud de 63° et l'on a pénétré dans une masse d'argile gris-noirâtre paraissant stratifiée. Le litage présentait contre la faille une inclinaison de 50 à 60° qui diminuait graduellement en avançant. A 6 mètres de cette seconde paroi de faille, la direction des bancs était N. 47° E. et la pente de 40° S.-E. A 10 mètres plus loin, la pente n'était plus que de 20°. D'après ces inclinaisons, on pourrait encore calculer que le diamètre du puits naturel serait de 110 à 120 mètres en admettant une section assez régulière dans la partie non reconnue.

C'est dans cette masse d'argile que l'on a découvert une faune inconnue jusqu'ici en Belgique. On y a rencontré de volumineux ossements de reptiles, certains d'entre eux paraissent appartenir à *l'iguanodon*, le plus grand de tous les sauriens fossiles.

La présence de *l'iguanodon* viendrait rattacher ces argiles au terrain *Wealdien* des Anglais. On sait que Dumont croyait déjà devoir y rapporter son étage aachénien.

On a recueilli également un grand nombre de poissons d'eau douce dont la longueur varie de 3 centimètres à 40 centimètres ; la plupart sont d'une conservation parfaite. On a reconnu aussi quelques coquilles d'eau douce.

On a trouvé enfin des empreintes de végétaux, feuilles, fleurs, fruits, ainsi que des fougères. La détermination de ces divers fossiles ne se fera qu'après l'achèvement des fouilles.

En général les ossements et les autres fossiles étaient disposés dans la masse dans le sens de la stratification ; j'en ai vu cependant qui se présentaient obliquement à la direction des lits.

Les ossements d'un même animal n'étaient pas, comme on pourrait le penser, disséminés dans la masse, mais ils se trouvaient souvent ensemble ; une patte complète ayant plus de 2m30 de longueur a été trouvée près de la tête et des côtes d'un même reptile.

Les os renferment de la pyrite alors que cette substance n'était cependant pas très commune dans la roche. On a remarqué aussi dans les argiles, de minces lits de lignite et parfois de petites masses de houille ; le lignite accompagnait assez souvent les ossements.

Grâce à MM. les membres du Conseil d'administration du charbonnage de Bernissart et à M.

Fagès, directeur-gérant de cette mine, qui a découvert ce riche gisement fossile, ces précieux restes d'un âge peu connu ne seront pas perdus pour la science. Ces Messieurs ont bien voulu en abandonner la propriété au Musée Royal d'histoire naturelle de Bruxelles et se prêter avec la plus grande obligeance à l'exécution de nombreuses fouilles.

FAILLES DE VIEUX CONDÉ.

En France, dans la concession de Vieux-Condé, appartenant à la Compagnie d'Anzin, et voisine de celle de Bernissart, il existe deux failles dans lesquelles on a trouvé des débris de terrain crétacé. Elles ne paraissent pas avoir la forme des puits naturels. L'une d'elle, la faille d'Hergnies, a une direction générale N.-O., S.-E. ; elle plonge de 50° vers l'Est et dévie les veines en direction mais sans rejetage important ; l'autre, dite faille de Trou-Martin, est sensiblement parallèle à la précédente, elle est inclinée de 81° à l'Est et ne fait subir aucun rejet aux veines.

La fosse Trou-Martin, située entre ces deux failles, est entrée dans le terrain houiller à 38^m de profondeur. Une galerie prise au niveau de 280^m par la couche Douze paumes, à 520^m au couchant du puits, a rencontré dans la faille d'Hergnies des lambeaux de terrain crétacé. Une galerie à 244 mètres de profondeur, a fait reconnaître dans la faille Trou-Martin des fragments de dièves [1]. On n'a pas exécuté d'autres reconnaissances par cette fosse.

On n'est nullement fixé sur la cause première qui a donné naissance à ces puits naturels. L'idée qu'ils auraient été creusés par l'action de sources geysériennes dont ils représenteraient les canaux, est aujourd'hui abandonnée.

L'augmentation de la section des puits naturels en profondeur, la disposition des matériaux de remplissage dans plusieurs d'entre eux où l'on remarque la superposition des débris suivant l'ordre de succession des terrains, l'absence de dénivellation des stratifications qu'ils traversent et la netteté avec laquelle ils les coupent, forment les considérations principales qui font croire à l'existence de cavités intérieures remplies par des éboulements successifs qui se sont propagés jusque dans les terrains supérieurs.

Quant à leur âge, il y a lieu d'admettre qu'ils se sont produits bien longtemps après le dépôt houiller qui avait acquis sa dureté et sa compacité actuelles.

Les uns sont peut-être antérieurs au dépôt du terrain crétacé ; on a la preuve que plusieurs d'entre eux sont postérieurs à la craie, mais on ignore complétement s'ils pénètrent dans les couches tertiaires [2].

---

1. Dormoy. Topographie souterraine du bassin houiller de Valenciennes.

2. Dans le tuffeau de Maestricht il existe un assez grand nombre de puits naturels auxquels on a donné le nom

§ 5ᵉ.

MÉTHODES D'EXPLOITATION EN USAGE AU COUCHANT DE MONS.

En principe général on peut établir que le meilleur mode d'exploitation est celui qui est le plus en rapport avec les circonstances locales dans lesquelles on se trouve.

Les principales considérations dont il convient de tenir compte *dans notre bassin* pour le choix d'un système, peuvent ce résumer comme suit :

1° L'inclinaison de la couche;

2° La régularité de cette inclinaison et en général celle de la tranche à exploiter ;

3° L'allure générale de cette tranche par rapport aux limites naturelles ou autres qui bornent son champ d'exploitation ;

4° La quantité de grisou que dégagent la houille et les terrains environnants ;

5° La puissance de la couche, sa composition en charbon et en matières stériles, et la direction des plans de clivage de la houille ;

6° La nature et la résistance des roches encaissantes;

7° Le nombre d'ouvriers dont on dispose, l'aptitude, les us et coutumes de ceux-ci.

On peut déjà conclure de ces considérations et de la description qui a été faite précédemment de l'allure générale du bassin, qu'il doit exister au Couchant de Mons divers systèmes d'exploitation et que certains de ces systèmes tendent à se modifier avec les circonstances.

Je me bornerai, dans une rapide esquisse, à tracer les traits principaux et caractéristiques de nos méthodes d'exploitation en renvoyant pour les détails aux ouvrages spéciaux.

La méthode, dite de Mons, est appliquée dans les plateures régulières dont l'inclinaison ne dépasse généralement pas 20 à 25°.

Dès que l'aérage est établi, on pousse suivant la direction de la couche une taille chassante vers le milieu de laquelle on ménage une voie que l'on coupe ensuite à dimensions voulues et qui constitue la costresse. La partie de la taille située en aval de la voie, se nomme Parel ; son but est d'éviter que la costresse ne soit détruite par l'écrasement qui se produit souvent le long du ferme. On le supprime lorsque cet écrasement n'est pas à craindre. Quelquefois on laisse

---

d'orgues géologiques ; on en rencontre aussi dans la craie et même dans les sables tertiaires de Carnières, mais ces accidents paraissent avoir une origine différente de ceux du terrain houiller. Voir à ce sujet la notice citée de MM. Cornet et Briart et le *Bulletin de la Société Géologique de France*. 3ᵉ série, t. 2, pages 92 à 94, 102 à 111.

au bas du Parel ou dans celui-ci une petite voie ou ruellette qui sert à l'arrivée de l'air sur une certaine longueur. Cette disposition a l'inconvénient de créer des résistances à l'aérage en forçant l'air à circuler dans des voies de petite section. On établit parfois une voie semblable pour faciliter l'écoulement des eaux.

Assez souvent aujourd'hui on coupe à la partie supérieure de la taille chassante une seconde voie nommée costresse-bis, reliée à la première par une voie inclinée.

Quoi qu'il en soit de ces dispositions accessoires, dès que la taille chassante a atteint une longueur suffisante, on prend à partir de la costresse principale ou de la costresse-bis une première taille montante, puis une seconde et, selon l'avancement de la costresse, on établit ainsi une série de tailles montantes dont la largeur, de 8 à 16^m, varie selon la puissance de la veine, la facilité plus ou moins grande d'abatage du charbon, la quantité de terre à remblayer ou à enlever et la résistance du toit. Au milieu de chaque taille existe une voie montante qui la dessert et aboutit à la voie horizontale inférieure. Les tailles sont naturellement disposées en gradins ; la distance qui les sépare prend le nom de bourre, elle peut varier de 5 à 20^m. A une hauteur de 50 à 70^m, selon l'inclinaison et la nature plus ou moins résistante du toit, on établit dans le sens de la direction une voie nommée 1re costresse de recoupage ; au-dessus d'elle se trouvent de nouvelles tailles montantes, puis un nouveau recoupage, et ainsi de suite jusqu'à la partie supérieure de la tranche.

Ces recoupages sont reliés à la voie principale ou costresse par des plans inclinés automoteurs généralement établis de 100 en 100 mètres.

Des portes et des toiles placées sur les plans inclinés, les recoupages, les voies montantes ou la costresse-bis forcent l'air qui arrive du puits d'extraction à suivre la costresse et à remonter le long de toutes les tailles jusqu'à la voie de niveau supérieure appelée troussage qui l'amène au travers-banc ou bouveau de retour.

Dans les mines non grisouteuses, on voit parfois le courant d'air redescendre un ancien plan incliné ou une voie spéciale qui le met en communication avec le puits d'aérage.

Lorsque la plateure présente une inclinaison plus forte, comme aussi lorsque les plans de clivage l'exigent, les voies montantes au lieu d'être *franc-tiernes* ou perpendiculaires à la costresse, sont dirigées obliquement ; on dit alors qu'elles sont *demi-tiernes* ou *sur quartier*. Dans les plateures où l'inclinaison dépasse 15° et dont l'allure est régulière, on transforme les voies montantes en plans inclinés automoteurs à doubles voies dont la poulie se déplace à mesure de l'avancement de la taille. On comprend que cette modification, qui nécessite un coupage de voie plus important, n'est utilement applicable que dans les couches assez puissantes où l'on peut remiser la plus grande partie des terres. En vue de la {diminuer on établit depuis quelque temps au charbonnage des Produits des plans inclinés à contre-poids, mais ce système exige aussi une assez grande régularité d'inclinaison.

Le caractère le plus saillant de ce mode général d'exploitation, est l'enlèvement rapide et complet de la tranche à déhouiller ; la concentration des chantiers permet ainsi d'obtenir de fortes productions avec un nombre, souvent très limité, de couches en exploitation ; l'emploi des recoupages reliés par plans inclinés à la costresse évite l'encombrement des tailles et assure la facilité et la rapidité du transport.

L'un des plus remarquables exemples de l'application de cette méthode aux grandes plateures du Flénu, est celui de l'exploitation de la Petite-Veine à l'Aune, couche non grisouteuse, par la fosse N° 14 du Levant du Flénu, dans les années 1869, 1870 et 1871. Une tranche, dont la hauteur dépassait 600 mètres en certains points, a été exploitée par huit à onze chantiers superposés dans lesquels il y eut, à certaines époques, 155 ouvriers à veine fournissant ensemble, par jour, plus de cinq mille quintaux métriques de charbon, la puissance utile de la couche exploitée étant de $0^m,60$.

On comprend que cette méthode ne peut s'appliquer aux couches grisouteuses sans subir des modifications. L'emploi de la costresse-bis est nécessaire pour diminuer les pertes d'air par les voies montantes. On doit surtout éviter d'avoir un trop grand développement de tailles qui occasionnerait une trop forte altération de l'air ; on perd ainsi en partie le principal avantage du système qui est la concentration du travail.

Dans les plateures fortement inclinées dont la pente dépasse 25° comme aussi dans toutes celles où l'allure est peu régulière, on fait usage des tailles de chassage dont l'avancement a lieu dans le sens de la direction. Leur largeur ordinaire est de 10 à 15 mètres, elle atteint rarement 20 mètres. Ces tailles, en retraite les unes sur les autres, donnent encore au chantier la forme de gradins. A la tête de chaque taille ou coupe la voie qui reçoit les charbons de la taille supérieure et qui vient aboutir à un plan incliné automoteur.

Lorsque l'inclinaison de la couche est assez régulière, un même plan incliné dessert plusieurs voies, et quelquefois, pour éviter les manœuvres, on réunit sur une même voie les produits de deux tailles par l'intermédiaire d'une galerie faiblement inclinée. Mais, parfois aussi, le peu de régularité dans l'inclinaison oblige à établir entre les voies des plans inclinés d'obliquité différente, et l'on a dès lors une série de plans inclinés indépendants.

La distance qui sépare les plans inclinés principaux ou chaque série de petits plans inclinés varie de 50 à 100 mètres.

Dans un même chantier on passe quelquefois du système des tailles chassantes à celui des tailles montantes et réciproquement, par suite d'un changement d'allure ou de direction d'une limite ou encore selon le personnel scloneur dont on dispose.

La méthode employée presque exclusivement dans le Couchant de Mons pour l'exploitation

14

des veines en dressant est celle que l'on suit généralement aussi dans la province de Liége et qui est désignée sous le nom de gradins renversés.

La hauteur de la partie exploitée dépend de diverses considérations et plus spécialement de la nature plus ou moins grisouteuse de la veine, aussi varie-t-elle de 30 à 75^m. Elle est elle-même divisée en 2 ou 3 tranches, appelées tailles, par une ou deux voies de niveau intermédiaires entre la costresse et le troussage et nommées recoupages. Lorsque les terres font défaut pour le remblayage, on ménage dans les remblais des fausses voies qui partagent encore la taille.

Ces petites tranches comprennent à leur tour un certain nombre de gradins désignés au Borinage sous le nom de maintenages. Leur hauteur ordinaire est de 2 à 3 mètres; ils sont en retraite de 4 à 6 mètres (bourre). La costresse toujours poussée en avant dessert directement le 1er maintenage nommé coupure dont le travail constamment en ferme est plus difficile, dégage plus de grisou et se fait souvent la nuit.

Des cheminées ménagées dans les remblais servent à amener sur la voie immédiatement inférieure les charbons des gradins qui la surmontent; elles sont munies à leur base de trémies sous lesquelles on amène les chariots. Ceux-ci sont conduits, dans les recoupages, par des scloneurs jusqu'à un plan incliné automoteur dirigé obliquement à l'inclinaison de manière à lui donner une pente convenable. Ce plan incliné aboutit à une voie inférieure ou à la costresse. Aux charbonnages de Crachet-Picquery et du Grand-Bouillon sur Pâturages et Wasmes, on a introduit récemment l'emploi de plans automoteurs dirigés suivant l'inclinaison même et sur lesquels voyagent des trucs ou chariots porteurs à contre-poids qui reçoivent les wagons. De semblables chariots fonctionnent depuis longtemps au Grand-Hornu dans des plateures inclinées de 40 à 45°.

Aü puits St-Charles du charbonnage du Midi de Dour on emploie un système particulier qu'il est intéressant de signaler.

Les couches exploitées à ce puits sont en général très grisouteuses, excessivement tendres et friables; dès lors, elles possèdent une grande tendance à s'écraser et à s'ébouler; elles sont encaissées dans des terrains très durs et compactes qui s'affaissent en masse, et comme il n'y a existe ni faux-toit, ni faux-mur intermédiaire, le grisou est entièrement contenu dans le charbon.

Dans ces conditions de pression du gaz et de poussée du terrain le moindre éboulement gagnait de proche en proche sur une grande longueur, et il en résultait un de ces dégagements subits de grisou avec projection de charbon dont le puits St-Charles offrait plus spécialement de nombreux exemples. Dans l'espace de 30 jours, du 28 décembre 1868 au 26 janvier 1869, 23 irruptions de ce genre eurent lieu dont deux occasionnèrent la mort de 3 ouvriers.

C'est alors que M. Hyacinthe Hecquet, directeur des travaux, attribuant aux gradins multiples la cause première des éboulements, abandonna le système et lui substitua en partie celui des tailles droites :

La tranche à déhouiller, d'une hauteur de 36 mètres environ, est divisée en 4, 5 ou 6 tailles droites espacées entre elles d'une douzaine de mètres et desservies chacune, sauf l'inférieure, par une cheminée en stappes.

La taille de la coupure marche en avant; on lui donne une hauteur à peu près double de celle des autres.

Chaque gradin occupe deux ouvriers qui abattent le charbon en descendant. La première entaille se fait donc à la partie supérieure ; et, avant de poursuivre le travail, cette entaille est soigneusement boisée ou *troussée*, ce qui se fait ainsi successivement. Le charbon tombé le long du front est jeté dans la cheminée voisine par un bouteur. L'avancement total, de 2 mètres en général par poste, se fait en deux fois. Le travail de la taille-coupure s'exécute en 2 postes à cause de sa plus grande hauteur.

On a reconnu que ce système d'exploitation n'est guère applicable que dans les couches peu puissantes, tendres, propres et sans havage. Dans ces conditions il réalise assez complétement le but que l'on s'est proposé. Il réduit notamment dans une forte proportion les chances d'éboulement résultant du travail d'abatage et restreint la zone d'écrasement. En fait, il a eu pour résultat de diminuer considérablement le nombre d'accidents dus aux dégagements subits de grisou par éboulement.

ORGANISATION DU TRAVAIL DANS LES GRANDES PLATEURES.

Le personnel du travail aux tailles comprend les ouvriers à veine, qui descendent vers 3 à 4 heures du matin, les bouteurs et les chargeurs qui descendent ensuite.

Le havage de la couche a une très grande importance dans nos exploitations; il s'opère dans un des lits schisteux charbonneux, dit havries, que l'on rencontre généralement au toit ou au mur de la couche ou parfois entre les laies de charbon. Le havage constitue ordinairement la première opération des ouvriers à veine. Cependant il est quelquefois exécuté la veille, ce qui offre le double avantage de faciliter l'abatage et de donner immédiatement du charbon à l'extraction. C'est ainsi, par exemple, que dans les couches puissantes, composées de plusieurs laies séparées par des bancs de schistes, de grès ou de mauvais charbon, il existe parfois deux catégories d'ouvriers à veine : les *haveurs* et les *faiseurs de laies* ; les premiers font le havage pendant la nuit, les seconds abattent pendant le poste du matin.

Les ouvriers à veine *boutent* le charbon abattu, c'est-à-dire qu'ils le font descendre le long de la taille pour le rassembler près de la voie d'où il est poussé par un ouvrier spécial, *bouteur*, vers l'endroit où se trouve le *chargeur*. Les ouvriers à veine recommencent ensuite un nouveau havage suivi d'un nouvel abatage.

Les ouvriers à veine remontent de 2 à 4 heures de l'après-midi. Ils sont toujours payés d'après le nombre de mètres carrés de houille abattue.

Les scloneurs descendent vers 4 à 5 heures du matin ; leur besogne consiste à arranger les charbons dans les chariots en chargement et à transporter ceux-ci soit sur la costresse, soit au plan incliné et vice-versâ. Le travail du scloneur dans les voies montantes est parfois des plus pénibles. Pour la descente il enraie les roues du chariot au moyen de tiges en fer de 3 à 4 centimètres de diamètre nommées *arrayois* et, comme il ne saurait le maintenir par derrière, il se met en avant du chariot et en maîtrise la descente par l'appui de son corps et par la résistance des pieds contre le sol ou contre des lattes en bois clouées sur des planches et formant échelons (patins). C'est la descente à *spalles*.

Là où les plans inclinés automoteurs ou à contre-poids ne peuvent pas être employés à cause des variations d'inclinaison de la couche, on a tenté de modifier ce mode de descente en plaçant une poulie à frein ou une forte pièce de bois au sommet de la voie, et de modérer la descente au moyen d'une corde enroulée plusieurs fois. Ce système n'est pas lui-même exempt de danger et l'habitude des ouvriers est telle qu'ils préfèrent toujours le mode ancien.

Pour la remonte dans les voies montantes, le scloneur tire sur le chariot et un *pousseur* l'aide par derrière pour autant que de besoin.

Sur les plans inclinés automoteurs de peu d'importance, les scloneurs opèrent eux-mêmes la descente et se mettent au frein. Dans les autres cas un ouvrier spécial, *kayateur*, fait la manœuvre et des *avanceurs-chariots* placent les wagons à la tête et au bas du plan incliné.

Les scloneurs, pousseurs, kayateurs et avanceurs-chariots font généralement partie d'une même association dite bande de scloneurs et commandée par un ou plusieurs d'entre eux, nommés *chefs de trait,* qui règlent par contrat le taux de l'entreprise par hectolitre ou par chariot pendant un temps déterminé, habituellement 8 à 10 semaines, qui forme la *passe de sclonage.* Quelques sociétés font rentrer la catégorie des chargeurs dans la passe du trait, condition qui est favorable à la régularité et à la continuité du travail.

Le nombre d'heures de travail des scloneurs varie naturellement selon les conditions différentes d'exploitation ; ils remontent rarement avant 6 à 7 heures du soir.

Je ne parlerai pas des autres ouvriers du poste du jour qui sont communs à toutes les mines.

Le poste d'après-midi se compose plus spécialement des *coupeurs de voies* et des *releveurs terres ;* il descend vers 2 ou 3 heures et s'occupe de l'ouverture et de l'établissement des galeries qui sont coupées au pic ou à la poudre. Les *releveurs terres* enlèvent une partie des déblais et les remblaient dans les tailles ; parfois des *monteurs de ruellettes* disposent les gros blocs en *murailles* ou *muriaux*.

L'excès de terres est mis en chariot par les chargeurs terres, et transporté au puits ou dans des voies abandonnées par les remeneurs-terres ; ces ouvriers constituent le 3e poste et descendent vers 6 heures du soir. Cette catégorie forme assez souvent une entreprise semblable à celle des scloneurs.

Les raccommodeurs descendent à la même heure, entretiennent et réparent les galeries.

Les coupeurs-voies et releveurs-terres remontent de 10 heures du soir à minuit.

Les chargeurs-terres et remeneurs-terres remontent vers 5 à 6 heures du matin.

ORGANISATION DU TRAVAIL DANS LES DRESSANTS ET DANS LES PLATEURES ACCESSOIRES.

Dans les mines où l'on exploite les dressants et les plateures accessoires, les ouvriers à veine descendent vers 3 à 4 heures du matin, et les scloneurs vers 4 à 5 heures. Les premiers remontent de une heure à deux heures de l'après-midi. Je crois inutile de m'étendre sur leur travail qui n'a rien de bien spécial.

Le poste suivant descend ordinairement à partir de 4 à 5 heures du soir, alors que les ouvriers du matin sauf les scloneurs ont achevé leur travail ; ces derniers remontent vers 6 à 7 heures du soir. Toutefois les monteurs de cheminées descendent vers 2 heures et terminent leur besogne vers 10 heures du soir.

Les coupeurs-voies et les releveurs-terres descendent ensemble à l'heure indiquée. Les coupeurs commencent à régler la voie, puis font les trous de mine. Pendant ce temps les releveurs-terres boutent les chauffours hors des tailles. On ne tire la mine qu'après le départ des scloneurs qui sont remplacés par la catégorie des remeneurs-terres vers 6 à 7 heures du soir. Après le tirage des mines, qui dure parfois jusqu'à minuit ou une heure du matin, les coupeurs brisent les blocs, font les *muriaux* et le boisage des voies. Les releveurs-terres débarrassent les voies, remblaient les tailles tandis que les remeneurs-terres transportent les chariots de terres en excédant. Ils remontent entre minuit et deux heures du matin.

Sur Dour et Élouges les releveurs, reculeurs, etc., forment une classe d'ouvriers très difficile à recruter ; aussi, arrive-t-il fréquemment qu'un certain nombre d'ouvriers du poste du jour font ce qu'ils appellent *une rebande*, c'est-à-dire qu'ils redescendent vers 9 ou 10 heures du soir pour faire l'office de releveurs-terres jusqu'à l'arrivée des ouvriers à veine, ils reprennent alors leur travail de jour.

La surveillance est généralement bien organisée dans les mines du couchant de Mons. Elle se compose d'un chef-porion, de porions et de marqueurs du matin, de porions et de marqueurs d'après-midi, de porions de nuit, surveillants, boute-feu, et enfin de calins chargés en outre de l'entretien des voies ferrées.

Le nombre des porions et surveillants est en raison du nombre et de l'étendue des chantiers et de l'importance grisouteuse de la mine.

Les travaux préparatoires sont exécutés par des ouvriers spéciaux qui entreprennent le travail de percement des bouveaux et d'enfoncement du puits dans des conditions déterminées, mais le chargement des déblais et le transport est rarement à leur charge.

Au point de vue de l'organisation ouvrière, le Couchant de Mons offre une plus grande subdivision du travail que dans les autres bassins, en ce sens surtout que presque toutes les catégories d'ouvriers sont plus directement en rapport avec les exploitants. Il n'y a guère d'exception que pour les scloneurs qui forment une entreprise spéciale pour la durée du travail. Dans d'autres localités du pays un certain nombre d'opérations sont l'objet d'entreprises semblables et les ouvriers font eux-mêmes la répartition du travail, ce qui me semble bien préférable. On commence toutefois à comprendre ici dans une même entreprise toutes les opérations qui se rapportent au creusement des bouveaux, y compris le transport des terres qui en proviennent.

Un trait caractéristique de nos exploitations est aussi la division du travail en trois postes, ce qui réduit le nombre d'heures de tâche pour plusieurs des catégories d'ouvriers.

Enfin les conditions de travail dans nos couches peu puissantes et la forte production à des profondeurs assez grandes sont plus particulièrement les considérations qui obligent de maintenir au Borinage l'ancienne coutume, spéciale à notre bassin, de descendre dans les travaux vers 3 à 4 heures du matin.

§ 6.

STATISTIQUE.

Quelques données statistiques termineront ce mémoire.

Voici, en premier lieu, un relevé dressé pour l'année 1877 des principaux éléments qui concernent la production de la houille dans le Couchant de Mons :

Mines de houille.	Actives	25
	Inactives	22
		47
Puits d'exhaure		24
Puits d'extraction en activité		62
Id. Id. en réserve		17
Id. Id. en construction		6
Profondeur moyenne des puits d'extraction en activité		526
Etages d'exploitation en activité.	Nombre	92
	Profondeur moyenne	443
	Id. maxima	710
Epaisseur moyenne des couches exploitées		0,55
Machines à vapeur d'épuisement.	Nombre	25
	Force en chevaux-vapeur . . .	6,244
Machines à vapeur d'extraction des sièges d'exploitation, — en activité.	Nombre	64
	Force en chevaux-vapeur . . .	10,301
— en réserve.	Nombre	17
	Force en chevaux-vapeur . .	1,331
— en construction.	Nombre	7
	Force en chevaux-vapeur . . .	172
Machines à vapeur d'aérage.	Nombre	98
	Force en chevaux-vapeur . .	4,404
Machines à vapeur à usages divers.	Nombre	223
	Force en chevaux-vapeur . .	2,556
Chevaux.	A l'intérieur 964	
	A la surface 446	
		1,410
Ouvriers : hommes et femmes, garçons et filles.	A l'intérieur . . . 22,965	
	A la surface . . . 5,771	
		28,736
Femmes et filles employées à l'exploitation.	A l'intérieur . . . 3,285	
	A la surface . . . 1,239	
		4,524

Le tableau suivant donne, pour le Couchant de Mons, les résultats principaux de l'exploitation depuis 1855.

Résultats principaux de l'exploitation de la houille dans le Couchant de Mons.

ANNÉES.	Production totale. — Tonnes.	Production moyenne et annuelle par puits en activité. — Tonnes.	Ouvriers. — Nombre total.	Production moyenne par ouvrier. — Tonnes.	Salaire annuel de l'ouvrier. — Fr.	Prix de revient par tonne.	Prix de vente par tonne.	Bénéfice par Tonne.	Nombre de mines en gain.	Nombre de mines en perte.
1855	3,000,000	35,300	26,180	115	828	10,81	13,18	2,37	»	»
1856	2.594,000	30,163	25,387	102	762	12,10	14,73	2,64	21	8
1857	2,691,000	32,423	25,187	107	689	11,24	13,25	2,01	17	13
1858	2,870,000	37,268	25,540	112	739	11,09	12,85	1,76	16	13
1859	3,007,000	38,553	27,259	110	760	11,49	12,71	1,23	15	15
1860	3,013,000	42,431	27,512	110	742	11,22	12,70	1,48	16	13
1861	3,248,000	43,891	28,411	114	744	10,81	11,07	1,26	18	12
1862	2,975,000	42,496	26,749	111	659	10,75	11,51	0,77	17	12
1863	3,203,000	44,492	26,278	122	690	10,24	10,96	0,72	15	14
1864	3,453,000	47,963	26,918	128	698	9,74	10,60	0,86	16	14
1865	3,585,000	51,951	27,505	130	752	10,08	11,05	0,97	17	12
1866	3,764,000	53,766	27,574	136	870	10,88	12,85	1,95	23	3
1867	3,523,000	49,623	28,414	124	935	12,47	13,99	1,52	17	8
1868	3,274,000	50,370	27,100	120	789	11,39	11,81	0,41	12	12
1869	3,430,000	55,331	27,729	124	792	11,34	11,50	0,33	9	15
1870	3,695,000	56,842	28,143	131	827	11,01	11,94	0,93	13	10
1871	3,569,000	56,647	28,074	127	781	11,08	11,92	0,84	13	10
1872	4,259,000	63,559	29,581	144	1,013	10,73	13,83	2,10	18	5
1873	4,103,000	60,331	29,855	137	1,374	16,79	22,78	5,99	21	3
1874	3,751,000	55,987	30,624	122	1,108	15,61	17,23	1,62	17	8
1875	3,890,000	55,573	30,865	126	1,100	15,22	16,33	1,11	12	12
1876	3,729,000	54,838	30,280	123	966	13,51	13,97	0,46	9	16
1877	3,580,000	57,748	28,736	124	786	11,55	11,62	0,07	9	16

La production totale pour la province du Hainaut a été de 10,259,374 tonneaux en 1877 ; celle du Couchant de Mons pendant la même année représente donc 34,89 % de celle du Hainaut.

Dans la production totale de la Belgique qui a été de 13,938,523 tonneaux en 1877, celle du Couchant de Mons est comprise pour 25,69 %.

J'ai dressé, pour la dernière période quinquennale, un tableau de la vente de la houille au Couchant de Mons et de la consommation du combustible aux fosses.

COUCHANT DE MONS. — VENTE ET CONSOMMATION DE LA HOUILLE.

ANNÉES.	VENTE POUR L'EXPORTATION.	VENTE A L'INTÉRIEUR DU PAYS		CONSOMMATION AUX FOSSES.	TOTAUX.
		PAR EXPÉDITION.	DIRECTE AUX FOSSES.		
1873	1,450,888	1,584,630	555,759	448,419	4,039,696
1874	1,366,670	1,580,700	409,823	426,140	3,783,333
1875	1,370,456	1,526,720	461,442	449,450	3,808,068
1876	1,257,636	1,470,140	482,846	465,005	3,675,627
1877	1.174,631	1,443,707	559,061	427,950	3,605,349
Totaux. . .	6,620,281	7,605,897	2,468,931	2,216,964	18,912,073
Moyennes. . .	1,324,056	1,521,179	493,782	443,393	3,782,415

On déduit des chiffres moyens de ce tableau, comparés au total des ventes et consommation, les rapports suivants:

Vente à l'exportation . . . . 35,10 %
Vente à l'intérieur du pays par expédition . . . . 40,20 %
Vente directe aux fosses . . . . 13,00 %
Consommation aux fosses . . . . 11,70 %

La valeur totale de la production au Couchant de Mons a été en 1877, de 41,603,000 fr.

La valeur relative des quantités vendues et consommées peut être évaluée comme suit, pour la même année :

Exportation . . . . 13,650,000 frs.
Vente à l'intérieur du pays . . . . 23,272,000 »
Consommation . . . . 2,047,000 »

Les deux tableaux suivants donnent depuis 1869 les quantités vendues pour l'exportation et celles livrées dans l'intérieur du pays par expédition, c'est-à-dire déduction faite de la vente directe aux fosses.

Le coke y est ramené à la quantité de houille crue nécessaire pour le produire.

COUCHANT DE MONS. — VENTE A L'INTÉRIEUR DU PAYS PAR EXPÉDITION.

ANNÉES.	HOUILLE CRUE.	COKE RAMENÉ EN HOUILLE CRUE.	ENSEMBLE.
1869	1,073,736	100,000	1,173,736
1870	1,226,305	77,270	1,303,575
1871	1,374,925	20,550	1,395,485
1872	1,644,633	80,197	1,724,830
1873	1,540,625	44,005	1,584,630
1874	1,539,050	41,650	1,580,700
1875	1,491,427	35,293	1,526,720
1876	1,433,140	37,000	1,470,140
1877	1,400,971	42,736	1,443,707

COUCHANT DE MONS. — EXPORTATION.

ANNÉES.	HOUILLE CRUE.	COKE RAMENÉ EN HOUILLE CRUE.	ENSEMBLE.	Rapport entre les exportations du Couchant de Mons et celles de toute la Belgique. p. %
1869	1,365,166	259,874	1,625,040	35,27 %
1870	1,115,193	208,363	1,323,556	33,38 »
1871	1,142,403	172,720	1,315,123	30,06 »
1872	1,408,289	251,147	1,659,436	29,47 »
1873	1,206,458	244,430	1,450,888	27,44 »
1874	1,147,236	219,434	1,366,670	29,31 »
1875	1,140,845	229,611	1,370,456	27,60 »
1876	1,033,146	224,490	1,257,636	27,15 »
1877	991,181	183,450	1,174,631	27,39 »

Dans un dernier tableau je donne, pour une période de 5 ans, les expéditions par eau et par chemin de fer.

On en déduit que ces expéditions sont dans le rapport suivant :

Expédition par eau . . . . . . 29 %,
Expédition par chemin de fer . . . 71 %.

Enfin, si l'on cherche le rapport des expéditions par eau et par chemin de fer pour l'exportation et pour l'intérieur, on arrive aux résultats suivants :

Exportation par eau . . . . 35,80 %,
Exportation par chemin de fer . . . . . 64,20 %,
Expédition à l'intérieur par eau. . . . . 23,10 %,
Expédition à l'intérieur par chemin de fer . 76,90 %.

COUCHANT DE MONS. — EXPÉDITIONS DE LA HOUILLE.

ANNÉES.	EXPÉDITION PAR EAU			EXPÉDITION PAR CHEMIN DE FER			TOTAL DES EXPÉDITIONS.
	POUR L'INTÉRIEUR.	POUR L'EXPORTATION.	TOTAL.	POUR L'INTÉRIEUR.	POUR L'EXPORTATION.	TOTAL.	
1873	323,400	430,530	753,930	1,261,230	1,020,358	2,281,588	3,035,518
1874	358,370	527,030	885,400	1,222,330	839,640	2,061,970	2,947,370
1875	353,840	541,850	895,690	1,172,880	828,606	2,001,486	2,897,176
1876	328,210	412,000	740,210	1,141,930	845,636	1,987,566	2,727,776
1877	393,660	457,870	851,530	1,050,047	716,761	1,766,808	2,618,338
Totaux.	1,757,480	2,369,280	4,126,960	5,848,417	4,251,001	10,099,418	14,226,178
Moyennes.	351,496	473,856	825,352	1,169,688	850,200	2,019,888	2,845,240

La quantité totale de houille utilisée en Belgique, tant pour les industries diverses et le chauffage domestique que pour la consommation aux fosses mêmes, a été estimée par M. l'Ingénieur en chef Laguesse à 10,389,454 tonneaux pour l'année 1877. D'après les chiffres que j'ai établis précédemment, le bassin houiller du Couchant de Mons a fourni pour les mêmes usages, 2,430,718 tonneaux de houille, soit 23,40 °/₀ de l'ensemble.

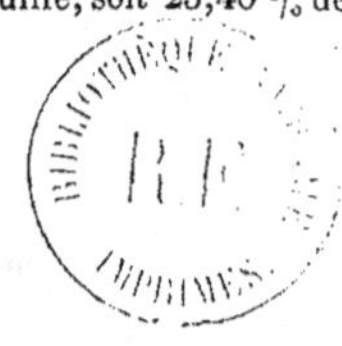
BIBLIOTHÈQUE R. F. IMPRIMÉS

TABLE DES MATIÈRES.

PARTIE DESCRIPTIVE.

PLANCHES.

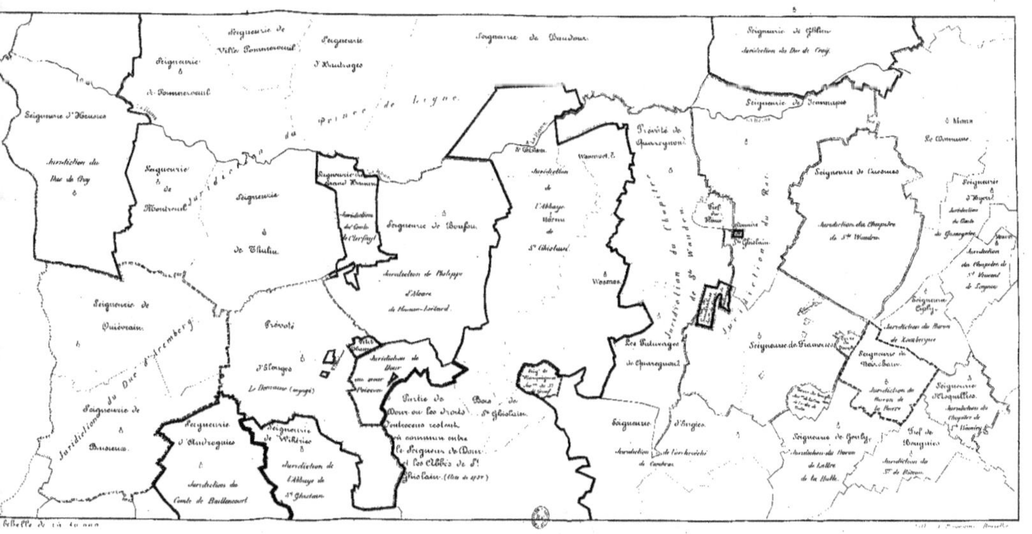

CARTE DES SEIGNEURIES ET JURIDICTIONS
se rapportant à l'époque principale de l'octroi des anciennes concessions Bouillères.
1765 1785.
Seigneurie de Ville-Pommeroeuil
Seigneurie d'Haulchages
Seigneurie de Baudour
Seigneurie de Ghlin
Juridiction du Duc de Croy
Seigneurie d'Hornues
Juridiction du Duc de Croy
Seigneurie de Montreuil
Seigneurie de Thulin
Seigneurie du Grand Hornue
Juridiction du Comte de Clerfayt
Seigneurie de Boussu
Prince de Ligne
St Ghislain
Wasmuel
Juridiction de l'Abbaye et Baronie de St Ghislain
Prévôté de Quaregnon
Seigneurie de Jemmapes
à Mons
Le Commune
Seigneurie de Casonnes
Seigneurie d'Asprel
Juridiction du Comte de Quaregnon
Juridiction du Chapitre de Ste Waudru
Juridiction de Philippe d'Alsace de Hornue-Soetard
Wasmes
Prévôté
Juridiction du Chapitre de Ste Waudru
Fief de Mons
Seigneurie de St Ghislain
Juridiction du Chapitre de St Vincent de Soignies
St Sanges
Le Domaine (engagé)
Les Paturages de Quaregnon
Seigneurie d'Eugies
Seigneurie Cuesly
Seigneurie de Frameries
Juridiction du Baron de Louberguie
Seigneurie de Noirchain
Juridiction de l'eveché de Cambrai
Partie de Dour ou les Droits Seigneuriaux restent en commun entre le Seigneur de Dour et les Abbés de St Ghislain (Bois de 1780)
Bois de St Ghislain
Seigneurie d'Audreguies
Seigneurie de Wihéries
Juridiction de l'Abbaye de St Ghislain
Juridiction du Comte de Baillencourt
Seigneurie de Goulzy
Juridiction du Baron de Lalère de la Hutte
Juridiction du Baron de la Hestre
Seigneurie de Roquillies
Juridiction du Chapitre de Ste Waudru
Fief de Bougnies
Juridiction du Ste de Bisseau
Seigneurie de Quiévrain
Duc d'Aremberg
Seigneurie de Baisieux
Juridiction de Baisieux
Echelle de

TABLEAU REPRÉSENTANT PAR COMMUNES LA SUPERPOSITION DES CONCESSIONS HOUILLÈRES AVEC LA SUCCESSION DES PRINCIPALES COUCHES DU BASSIN DU COUCHANT DE MONS.

Dressé par GUSTAVE ARNOULD, Ingénieur Principal des Mines à Mons.

Partie Sud du Bassin

Partie Nord du Bassin

COMMUNES DE			COMMUNES DE									NOMS des COUCHES	COMMUNES DE													NOMS des COUCHES	QUALITÉS des CHARBONS

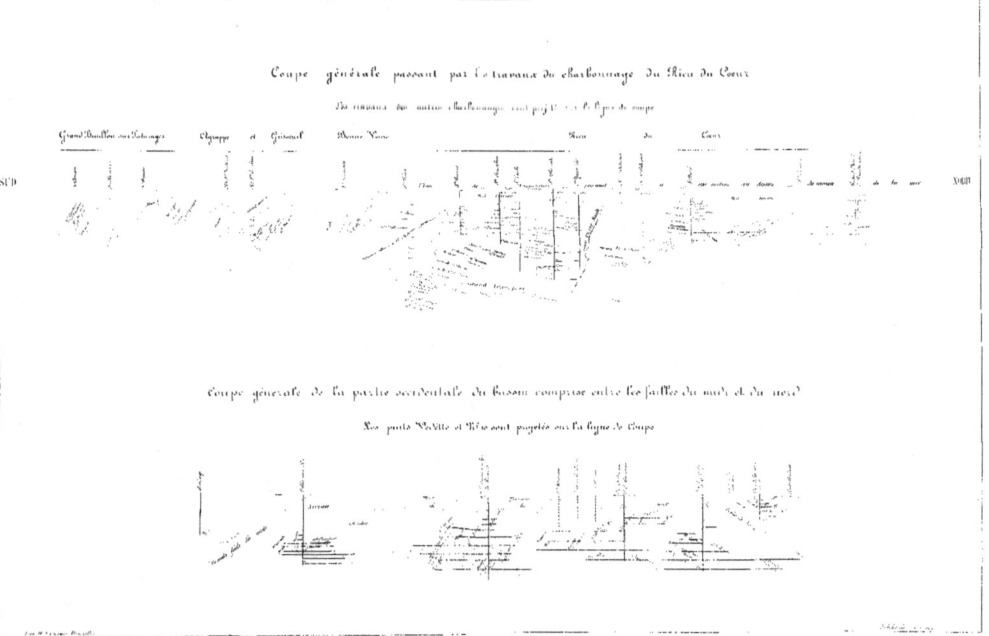

Coupes du bassin Houiller du Couchant de Mons.
Dressées par GUSTAVE ARNOULD, Ingénieur principal des mines à Mons
Coupe générale passant par les travaux du charbonnage du Rieu du Coeur
Grand Bouillon ou Sabrenage   Olgrappe et Grisoeul   Bonne Veine   Rieu   du   Coeur
SUD   NORD
Coupe générale de la partie occidentale du bassin comprise entre les failles du midi et du nord
Les puits Neuville et Rêve sont projetés sur la ligne de coupe

ANNEXE A LA CARTE DES CONCESSIONS HOUILLÈRES DU COUCHANT DE MONS.

Dressée par GUSTAVE ARNOULD, Ingénieur principal des Mines à Mons

Carte des Concessions Houillères du Couchant de Mons

dressée par

Gustave Arnould,

Ingénieur Principal des Mines à Mons

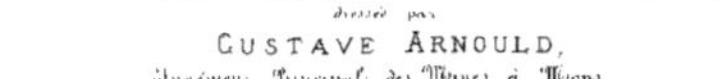

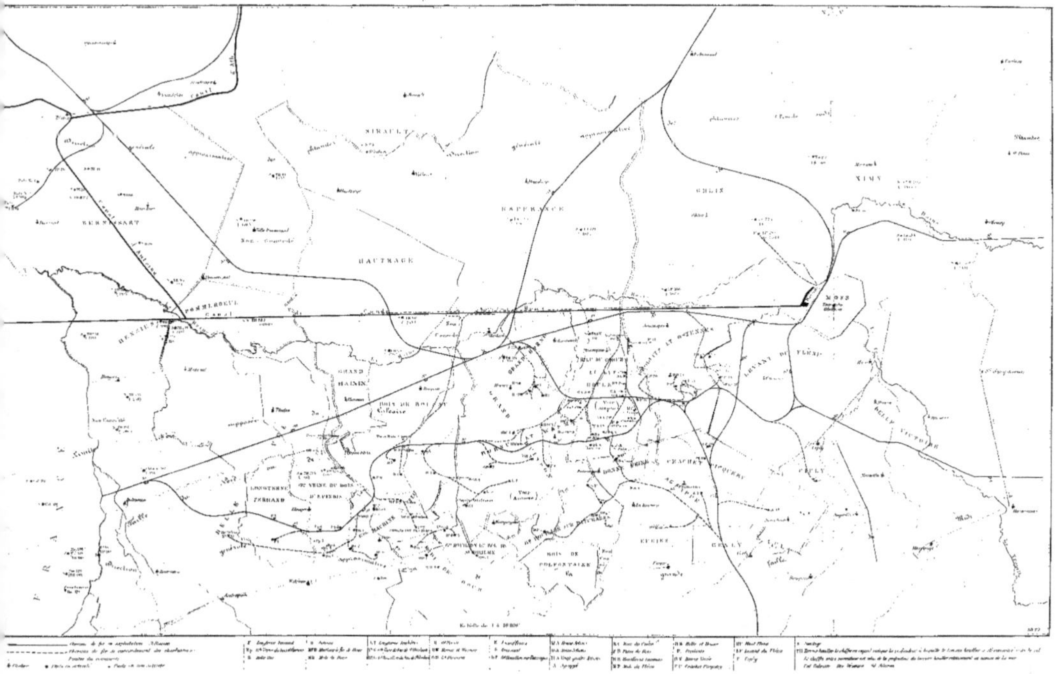

CARTE DU RELIEF DU SOL PRIMAIRE

DANS LE BASSIN DU COUCHANT DE MONS ET DU CENTRE.

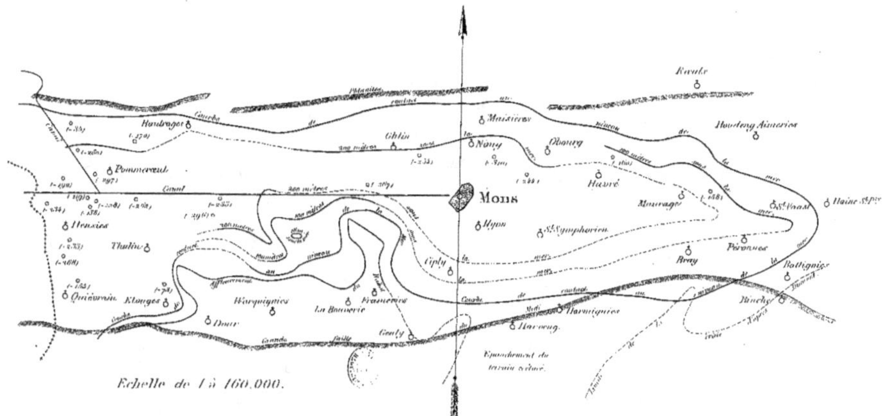

Echelle de 1 à 160,000.

COURS D'EXPLOITATION

DES MINES DE HOUILLE,

PAR Ch. DEMANET,

Ingénieur des mines, Directeur de charbonnage

2 *magnifiques volumes in-8°, illustrés de 600 gravures sur bois*
exécutées par les artistes les plus en renom, tels que : Doms,
Barbant, Morison, Vieweg et fils, Vermorcken, etc.

PRIX : 40 FRANCS.

Le premier volume a paru — Le second est sous presse.

ATLAS

DE TOUTES LES ÉTOILES

VISIBLES A L'ŒIL NU,

FORMÉ D'APRÈS L'OBSERVATION DIRECTE

DANS LES DEUX HÉMISPHÈRES,

PAR

J.-C. HOUZEAU,

Directeur de l'Observatoire de Bruxelles.

1 volume in-folio, contenant cinq planches coloriées.

PRIX : 10 FRANCS.

Nouvelle méthode pour le tracé des plans de mines levés à l'aide de la boussole, permettant de se dispenser de règles et d'équerres pour le tracé graphique, et donnant instantanément les directions au Nord vrai, par Ch. Squalard, ingénieur de charbonnages. In-8° avec planche. 2 00

Ventilation des mines. Études théoriques et pratiques sur les lois qui président au mouvement et à la distribution de l'air dans les travaux d'exploitation, sur les appareils mécaniques de ventilation des mines et sur les autres moyens de créer des courants souterrains, par A. Devillez, directeur de l'École provinciale d'industrie et des mines du Hainaut ; professeur de mécanique appliquée et de constructions civiles à cette école ; ancien répétiteur à l'École centrale des arts et manufactures de Paris. Beau vol. in-8°. 500 pages. 12 00

Considérations sur la production et l'emploi de l'air comprimé dans les travaux d'exploitation des mines, par M. F.-L. Cornet, ingénieur-directeur des travaux des charbonnages du Levant du Flénu, à Cuesmes, correspondant de la classe des sciences de l'Académie royale de Belgique, 2° édition. 2 00

Du transport mécanique de la houille. Rapport fait à l'Institut des ingénieurs des mines du Nord de l'Angleterre par la commission chargée de l'étude de la question. Traduit de l'anglais, avec l'autorisation de l'Institut, par MM. Alphonse Briart et Julien Weiler, ingénieurs civils. Volume grand in-8°. Nombreuses gravures sur bois et planches lithographiées. 15 00

Mémoire sur l'origine et le développement de l'industrie houillère dans le bassin du Centre (Hainaut-Belgique), par Jules Monoyer, candidat notaire, membre du Cercle archéologique de Mons. In-8°, avec carte enluminée. 2 50

Programme des cours de mécanique appliquée et de physique industrielle professés à l'école des mines de Liége, par V. Dwelshauvers-Dery. 1re partie. Cinématique. In-8°, 40 planches. 8 00

Traité théorique et pratique de manipulations chimiques, par Camille Renard, chef des travaux de manipulations chimiques et de docimasie à l'Université de Liége. Un volume in-8° avec figures intercalées dans le texte. 10 00

Atlas spécial de la Belgique, gravé par M. John Bartholomew, d'après la carte de l'état-major belge, avec le concours de MM. Cornet, Malaise, etc., et mis en rapport avec la *Géographie élémentaire de la Belgique,* par M***. Ouvrage adopté par le Conseil de perfectionnement de l'enseignement moyen. *Liste des cartes* : 1. Carte orographique. 2. Carte géologique. 3. Carte agricole. 4. Carte hydrographique. 5. Carte des chemins de fer. 6. Flandre occidentale. 7. Flandre orientale. 8 et 9. Carte générale de la Belgique. 10. Brabant. 11. Anvers. 12. Hainaut. 13. Namur. 14. Luxembourg. 15. Liége. 16. Limbourg. — 16 magnifiques cartes supérieurement coloriées. 4 25

Pour recevoir ces ouvrages franco

www.ingramcontent.com/pod-product-compliance
Lightning Source LLC
LaVergne TN
LVHW020201030726
842520LV00003B/825